集合运算中的
隐私保护问题研究

Research on Privacy Preserving Problems of Set Operations

孙茂华 ◎ 著

U0313979

首都经济贸易大学出版社
Capital University of Economics and Business Press
·北 京·

图书在版编目(CIP)数据

集合运算中的隐私保护问题研究/孙茂华著. —北京:首都经济贸易大学出版社,2018.5

ISBN 978 - 7 - 5638 - 2575 - 2

Ⅰ.①集⋯　Ⅱ.①孙⋯　Ⅲ.①计算机网络—隐私权—安全技术

Ⅳ.①TP393.08

中国版本图书馆 CIP 数据核字(2016)第 246075 号

集合运算中的隐私保护问题研究

孙茂华　著

责任编辑	彭 芳　浩 南	
封面设计	砚祥志远·激光照排　TEL:010-65976003	
出版发行	首都经济贸易大学出版社	
地　址	北京市朝阳区红庙(邮编 100026)	
电　话	(010)65976483　65065761　65071505(传真)	
网　址	http://www.sjmcb.com	
E - mail	publish@cueb.edu.cn	
经　销	全国新华书店	
照　排	北京砚祥志远激光照排技术有限公司	
印　刷	北京九州迅驰传媒文化有限公司	
开　本	710 毫米×1000 毫米　1/16	
字　数	216 千字	
印　张	12.25	
版　次	2018 年 5 月第 1 版　2018 年 11 月第 1 版第 2 次印刷	
书　号	ISBN 978 - 7 - 5638 - 2575 - 2/TP·46	
定　价	32.00 元	

前　言

进入 21 世纪,人类跨入网络信息时代,网络空间成为继陆、海、空、太空之外人类赖以生存的"第五空间"。移动互联网、物联网、云计算技术推动的全球数据爆炸式增长,使人类进入了"大数据"时代。大数据时代的这些新技术正在不断丰富着人类探索世界的方法,推动着各行各业的发展,改变着人类的生活方式。

然而,在这些欣欣向荣的表象背后,信息安全问题不断凸显。2013 年发生的"棱镜门"事件,引起了全世界的高度重视。与此同时,各种信息泄露事件也在不断发生。2011 年 4 月,日本索尼公司指出,该公司的 PS3 和动画云服务网中的用户账号等关键信息被黑客获取,这些信息涉及 57 个国家及地区的 7 700 万人。一些提交了信用卡信息的用户,他们的信用卡卡号信息可能也被窃取。该事件实际上暴露了"公有云"存在的安全隐患。2013 年 11 月,央视新闻指出搜狗浏览器存在重大安全隐患,通过搜狗浏览器可以看到数千用户的个人账户,包括 QQ、邮箱、支付宝、银行等个人账号信息。这次搜狗浏览器泄露的账号信息种类非常广泛,并且泄露持续时间达一周以上,成了浏览器历史上罕见的安全事故。

信息安全事件的不断发生,引起了世界各国政府、企业和人民对隐私泄露问题的重视。在国家层面,各国政府纷纷将信息安全的重要程度上升到国家战略层面。2014 年 2 月 27 日,我国成立了"中央网络安全和信息化领导小组"。该领导小组着眼于国家安全和长远发展,统筹协调涉及经济、政治、文化、社会及军事等各个领域的网络安全和信息化重大问题,研究制定网络安全和信息化发展战略、宏观规划和重大政策,推动国家网络安全和信息化法治建设,不断增强安全保障能力。北京市也将每年的 4 月 29 日定为"首都网络安全日",旨在通过宣传提高企业、人民的安全意识。在企业层面,各企业也不断提高信息安全意识,通过使用防火墙、IPS、IDS 等网络安全设备和其他网络安全产品提高企业内部网络的安全性,并不断增加对其产品安全性的研究投入。在个人层面,人们也不再像过去一样对网络产品的安全性毫无防备。中国互联网协会 2015 年发布的《中国网民权益保护调查报告》显示,2014 年网民因为垃圾信息、诈骗信息和个人信息泄露等现象,遭受人均经济损失 124 元,总体经济损失约 805 亿元;82.3% 的网民亲身感受到了由于个人信息泄露对日常生活造成的影响。49.7% 的网民认为个人信息泄露情况严重或非常严重。

除了从意识上提高对隐私泄露的重视,从技术上解决隐私泄露问题也是当务之急和各国政府、学者的重要工作。密码学无疑是当前解决这些技术问题的有效手段。过去,由于密码学主要用于军事领域,可供我们读到的密码学书籍较少。随着密码学技术从军事领域走向企业和大众生活,市面上出现了大量的密码学参考文献。但是,笔者发现,这些书籍中很多是从大而全的角度介绍密码学知识,对某一个专题进行深入研究的书籍仍然较少。本书致力于介绍集合运算中的隐私保护技术,是密码学领域中非常小的一个课题。但是,由于集合运算是信息技术中常用的一种运算方式,因此对集合运算中隐私保护技术的研究具有十分重要的意义。本书也将部分篇幅用于介绍密码学的基础知识,这些基础知识是后面介绍集合运算中的隐私保护技术时需要用的,是为了保证读者能够顺利读懂本书而刻意增加的。

本书共分为三部分。第一部分介绍隐私泄露现状,分析研究集合运算中隐私保护技术的必要性和重要性。第二部分介绍密码学基础,包含第二章至第四章。主要介绍保护隐私的集合运算中使用的密码学技术,具有密码学基础的读者可以略过这一部分;建议初次接触密码学的读者认真学习该部分。第三部分是本书的重点,介绍了保护隐私的集合交集运算、保护隐私的集合并集运算及其应用。

感谢武汉理工大学的于晓敏为本书所做的工作。

由于编者水平有限,本书难免有谬误之处,恳请读者批评和指正。近些年来密码学的理论和技术都在飞速发展,有很多新理论和新成果未能在本书中体现,敬请读者谅解。

目　　录

第一部分　隐私泄露现状分析

第二部分　密码学基础

第一部分

隐私泄露现状分析

1 信息时代隐私泄露现状分析

1.1 隐私

"隐私"一词在中国最早出现于周朝初年。但在当时它的词义和现在的词义还有些不同,"隐私"在周朝的意思是衣服,也就是把私处藏起来的东西。在中国古代的物种进化思想里,有没有"隐私"是文明人与野蛮人以及野兽最明显的区别。

管理学中一般将隐私定义为一种与公共利益、群体利益无关,当事人不愿他人知道或他人不便知道的个人信息,当事人不愿他人干涉或他人不便干涉的个人私事,以及当事人不愿他人侵入或他人不便侵入的个人领域。

随着信息化技术的不断发展,尤其是近几年手机等移动终端的普及,我国网民数量不断增加。截至2015年12月,我国网民规模达6.88亿,全年共计新增网民3 951万人[①]。近10年来我国网民规模变化如图1-1所示。

信息化时代,随着网民数量的不断增加,隐私更多地通过信息化的数

---

① 摘自《第37次中国互联网络发展状况统计报告》。

3

图 1－1 中国网民规模和互联网普及率

资料来源：中国互联网络发展状况统计调查。

据呈现出来。隐私数据的信息承载形式有多种。例如，就个人隐私信息而言，包括但不局限于以下形式：

（1）个人身份信息。包括身份证号、姓名、家庭地址、工作单位名称、婚姻状态、学历、手机号等。

（2）互联网上的身份信息。包括网络账号、昵称、密码等。

（3）个人的信用和财产状况。包括银行账号、密码和个人财务数据，近几年新兴的各种网络支付平台（如支付宝、微信红包、京东钱包等）的登录账号、密码以及个人财务数据，个人信用状况等。

（4）网络行为信息。包括 IP 地址、个人网购记录、网站浏览痕迹、软件使用痕迹、网络通信内容、地理位置及轨迹等。

（5）社会关系。包括真实社交关系和网络虚拟世界的社交关系等。

（6）其他信息。例如，个人健康状况，包括医院医疗记录、体检记录等；购车、购房状况等。

我们认为信息化时代，信息安全领域中隐私的定义范围应该被进一步的扩充。首先,从隐私的主体来讲,管理学中将隐私的主体定义为自然人。我们认为,信息安全领域隐私的主体不仅包含自然人,还应该包含企业组织和国家。例如,企业的商业秘密、国家机关的秘密等都属于隐私。其次,有些看似不属于隐私的信息,经过数据挖掘等技术的二次分析处理后,将会暴露信息所属主体的隐私。例如,网民的网络购物行为被记录在互联网商家的服务器上,这些购物记录往往可以体现出网民的购物习惯和爱好等,当前很多商家对这些购物记录进行二次分析处理,从而向网民进行个性化广告推荐。但是,并不是所有网民都希望被推送相关产品,这实际上已经侵犯了网民的隐私。

因此,我们将信息安全领域的隐私定义为:国家、企业、组织和个人不希望被他人知晓的数据,这些数据包括传统意义上能直接泄露主体隐私的内容以及通过二次处理可以分析出主体隐私的内容。

1.2 隐私泄露及案例

中国互联网协会 2015 年发布的《中国网民权益保护调查报告》显示,在对网民的权益认知情况调查中,网民对隐私权的认可度最高;2014 年网民因为垃圾信息、诈骗信息和个人信息泄露等现象,导致遭受人均经济损失 124 元,总体经济损失约 805 亿元;82.3% 的网民亲身感受到了由于个人信息泄露对日常生活造成的影响。49.7% 的网民认为个人信息泄露情况严重或非常严重。

隐私信息的泄露不仅给网民生活带来了极大的困扰,甚至给网民造成了直接经济损失和个人形象的破坏。对于国家、企业和组织而言,隐私信息的泄露也将产生非常严重的后果。然而,正是由于受各种利益的驱动,近几年来隐私泄露事件不断发生。

【案例1】Facebook 信息泄露

Facebook(脸谱)是创办于美国的一个社交网络服务网站,于2004年2月4日上线。2010年,几款 Facebook 应用(如 Farm Ville)对外泄露了用户资料,1亿用户的个人信息被泄露,被泄露的用户资料包括用户的 Facebook ID。通过用户 ID,广告商或其他信息追踪公司可以在社交网络上查到该用户的姓名和其他信息。另外,因为 Facebook 允许第三方浏览被感染用户的朋友列表,所以有些不曾玩过 Farm Ville 等社交游戏的 Facebook 用户的资料也有可能被泄露。

【案例2】韩国社交网站"赛我网"用户信息被窃取

韩国实行网络实名制以后,一些黑客视其为主要攻击对象,一时间泄密事件频发。2011年7月,有黑客攻击了韩国实名制社交网络 NATE 网(赛我网),高达3 500万注册用户的真实信息被泄露,相当于70%的韩国人遭遇了泄密。事件过后,韩国取消了网络实名制,更准备全面限制收集和使用"居民登陆证"(身份证)号码。

【案例3】中国人寿数据库信息泄露

2013年,据中国之声《央广新闻》报道,有网友发帖指出:在中国人寿网站注册汽车救援卡时,投保者的隐私如投保险种、密码、身份证号、手机号等,在搜索信息栏中能够被任意查到。记者根据网友所提供的网站进行查询,发现数据库中公开的中国人寿保单多达近80万页。对此,很多人担心自己的个人密码等信息会被他人利用,招来意想不到的麻烦。

【案例4】小米论坛的用户数据库泄密

2014年5月,小米论坛的用户数据库在黑客界传播,给大批"米粉"造成困扰。

5 月 13 日晚间,微博认证为山东电视台记者的用户发微博称:"据知情人爆料,疑似小米手机论坛的用户数据库在黑客界传播。大概 800W 数据,多为 2013 年左右的老数据。小米用户注意修改密码。"随后,国内安全问题反馈平台乌云证实了小米论坛官方数据泄露的事故。此次泄露的数据可用于进入小米账户,通过小米云服务得到手机号及设备信息;通过同步浏览通讯录、短信、照片,并可在线定位、锁定手机及擦除信息等。随后,小米公司官方微博回应了此问题,公布了具体涉及账号的细节,并向用户道歉。

【案例 5】酒店客户信息泄露

2013 年 10 月,一份由国内安全漏洞监测平台乌云网发布的报告指出,大批酒店(如如家、杭州维景国际大酒店等)的客户入住记录被第三方存储,并且因为漏洞而泄露。漏洞发现者称,一些酒店使用由浙江慧达驿站网络有限公司开发的酒店无线网络管理认证系统,酒店的客户各类记录(包括姓名、开房日期、身份证号码、同住人数等敏感信息)都被存储在这家公司的服务器上。这次漏洞出现的根本原因在于浙江慧达驿站网络有限公司系统设置出现问题,其系统要求酒店在提交开房记录时进行网页认证,但网页认证不在酒店的服务器上,而要通过慧达驿站自己的服务器,这就存下了客户的个人信息。除此之外,该管理系统需要通过 http 协议实现数据同步,这个过程中客户认证的用户名、密码不经加密直接传输,这使得一些不法分子可以通过多种途径轻松获得所有酒店上传的客户开房信息。

1.3　隐私保护立法

美国是世界上最早提出隐私权立法保护的国家。美国 1974 年制定了《联邦隐私权法》，1986年通过了《联邦电子通信隐私法案》，2000年4月出台了第一部关于网上隐私的联邦法律《儿童网上隐私保护法》，还有《公民网络隐私权保护暂行条例》和《个人隐私权与国家信息基础设施》等作为业界自律的辅助手段。奥巴马政府在2012年2月宣布推动《消费者隐私权利法案》（Consumer Privacy Bill of Rights）的立法程序，这是与大数据最为息息相关的法案，法案中不仅明确且全面地规定了数据的所有权属于用户（即线上/线下服务的使用者），并规定在数据的使用上对用户透明化。

欧盟在1997年通过《电信事业个人数据处理及隐私保护指令》之后，又先后制定了《Internet上个人隐私权保护的一般原则》和《信息公路上个人数据收集、处理过程中个人权利保护指南》等相关法律。2012年3月，欧盟正式颁布了法规——《数据保护法规》（The Data Protection Regulation）。随后，英国工程与自然科学研究理事会和英国内阁办公室共同出资成立了一个新的网络安全研究所，旨在保障英国工业和基础设施关键系统的网络安全。新研究所主要研究的是核能发电、制造业、能源配置、铁路等基础设施面临的潜在网络安全威胁。研究人员通过分析网络攻击导致工业控制系统故障的原理，力争将不安全因素消除在萌芽状态。

截至2014年年底，世界上大约有54个国家和地区制定出台了保护个人信息的相关法律，但是在中国，隐私权的立法仍处于探索确立阶段。

我国香港特别行政区于1996年12月实施了《香港个人资料（隐私）条例》，分别对企业、工商界、政府机关就个人资料的保护做了详细的规定。此外，《香港特别行政基本法》和《香港人权法案条例》的部分条款对隐私权的保护也有提及。为了在极大程度上保护个人隐私，香港政府成立了个人资料隐私公署，公署内设置专人负责监督条例执行和接受侵犯隐私起诉,并享有广泛的调查及执法权力。

在我国现行法律中,最高人民法院 2001 年 3 月公布的司法解释中明确了对隐私权的保护,强调"侵害他人隐私"即是违反法律和公共道德。《侵权责任法》第二条给出的民事权益范围中包括了对于侵犯隐私权的定义,包括:

(1)未经公民许可,公开其姓名、肖像、住址和电话号码;

(2)非法侵入、搜查他人住宅,或以其他方式破坏他人居住安宁;

(3)非法跟踪他人,监视他人住所,安装窃听设备,私拍他人私生活镜头,窥探他人室内情况;

(4)非法刺探他人财产状况或未经本人允许公布其财产状况;

(5)私拆他人信件,偷看他人日记,刺探他人私人文件内容,以及将其公开;

(6)调查、刺探他人社会关系并非法公之于众;

(7)干扰夫妻性生活或对其进行调查、公布;

(8)将他人婚外性生活向社会公布;

(9)泄露公民的个人材料或公诸于众或扩大公开范围;

(10)收集公民不愿向社会公开的纯属个人的情况,等等。

2009 年颁布的《中华人民共和国刑法修正法(七)》增加了两条罪状:"非法获取公民个人信息罪"和"出售、非法提供公民个人信息罪"。增加的这两条表明我国首次明确了出售、收买和泄密、泄露个人隐私信息的法律责任,将公民个人信息纳入刑法保护范围。

我国首例个人信息保护的国家标准《信息安全技术公共及商用服务信息系统个人信息保护指南》于 2013 年 2 月 1 日生效。其中规定信息管理者通过信息系统处理个人信息时,应遵循如下一些基本原则:目的明确原则、最少够用原则、公开告知原则、个人同意原则、安全保障原则、诚信履行原则、责任明确原则。

2014 年年底,第十一届全国人大常委会第三十次会议审议通过了一个具有指导性质的国家标准——《关于加强网络信息保护的决定》。2014 年年初工业和信息化部也开始着手制定互联网和电信用户个人信息保护的相关规定。由此可见,我国各个主管部门对用户隐私信息保护高度重视。

在信息技术迅速发展的今天,我国政府应当尽快推进此方面的立法工作,最大限度地对国家、企业、组织和个人的隐私进行法律保护。

1.4　集合运算中的隐私保护

集合作为一种常用的数学工具,在信息化时代经常用于存储各种数据。当然,这些数据可能包含各类隐私信息。鉴于当前信息安全形势严峻,各种隐私泄露事件不断发生,我们应该从多个方面进行安全防护:技术上要注重安全防御,国家应该尽快推进隐私权立法,隐私所属主体应提高安全意识。

集合运算中的隐私保护技术从技术层面研究如何实现安全防御,通过使用密码学技术,实现保护隐私的集合运算,从而保护集合所属主体的隐私。

保护隐私的集合运算(Private Set Operation,PSO)是密码学的一个重要研究分支,是近几年来国内外的研究热点。保护隐私的集合运算可以描述为参与者 P_1,P_2 希望基于各自的秘密集合 S_1,S_2 共同完成某种集合运算 f,同时计算结束后各参与者不能获知除结果之外的额外信息。集合的基本二元运算包括交、并、差,因此保护隐私的集合运算主要包括保护隐私的集合交集运算(Private Set Intersection,PSI)、保护隐私的集合并集运算(Private Set Union，PSU）和保护隐私的差集运算（Private Set Difference，PSD）。

下面，我们从推动安全协议的发展、新技术的挑战和机遇、保护隐私的集合运算的应用前景三个方面对研究保护隐私集合运算的意义展开论述。

1.4.1　推动安全协议的发展

在使用密码学技术解决诸如保护隐私的集合运算等应用问题时，多数研究成果通过在算术电路上使用密码学工具来实现隐私保护。这些文献通常会提到"基于算术电路的安全协议比使用通用混淆电路估值技术的安全协议效率更高"，但是这一理论一直没有得到验证。2012 年 NDSS（Network and Distributed System Security）大会上，黄炎（Y. Huang）等人基于保护隐私的集合运算研究成果对上述理论提出了质疑；其研究成果表明，通过合理的设计专用电路，在某些情况下使用混淆电路的安全协议的效率高于基于算术电路的安全协议。但是，董长宇（C. Y. Dong）等人和本尼·平卡斯（Benny Pinkas）等人分别基于算术电路设计了更加高效的解决方案。虽然董长宇等人和本尼·平卡斯等人的研究成果比黄炎等人的研究成果效率更高，但是黄炎等人的成果为设计保护隐私的集合运算协议甚至是其他安全多方计算应用协议提出了一个新的思路。在当前密码学水平下，能否基于混淆电路设计出效率更高的保护隐私的集合运算协议也成为当前的研究热点。

1.4.2　新技术的挑战和机遇

近几年来，新的信息技术不断被提出，如云计算、大数据、全同态加密等。这些信息技术的出现一方面对保护隐私的集合运算提出了更高的要求，另一方面也可以促进保护隐私的集合运算的发展。

随着云计算和大数据技术的发展,信息系统中数据量急剧增长。例如,社交网站 Twitter 每天增加近 2 亿条信息,Facebook 上每天上传将近 2.5 亿张照片。随着物联网的迅速发展,各种采集器每天产生海量数据。如何在保护隐私的基础上,实现对海量数据的分析——这无疑对隐私保护算法的数据处理能力提出了更高的要求。与此同时,能否借助现有的云计算和大数据技术实现保护隐私的集合运算对大数据量的处理,也是当前面临的一大挑战。借助现有多核 CPU、云计算技术,将保护隐私的集合运算协议中每个计算单元拆分为并行计算,是否可以大大缩短计算时间,也是值得探讨的一大问题。

在信息安全领域,经常被用作保护隐私的集合运算的底层协议,如茫然传输(Oblivious Transfer,OT)、同态加密技术(Homomorphic Encryption,HE)等也取得了重大研究进展。莫尼·内奥尔(Moni Naor)和平卡斯(Benny Pinkas)在 2001 年提出了半诚实模型下的经典 OT 协议(被称为 Naor - Pinkas OT 协议),执行 m 次该 OT 协议的复杂度相当于执行 $3m$ 次公钥操作。后来尤瓦尔·伊夏(Yuval Ishai)等人提出了扩展 OT 协议,将原来 OT_l^m 所需的公钥操作数降低到执行 OT_k^k 所需的公钥操作数,而协议剩余部分也通过使用高效对称加密算法降低了算法的计算复杂度;但是该协议的通信复杂度仍然是协议推广的瓶颈。2013 年的 CRYPTO 大会上,弗拉基米尔·科列斯尼科夫(Vladimir Kolesnikov)等人提出了针对短消息的高效 OT 协议,该协议满足 k 的次线性复杂度。2013 年 CCS(Computer and Communication Security)大会上,吉拉德·阿斯科洛夫(Gilad Asharov)等人使用随机 OT 技术(Random OT)将 OT 协议的通信量降低了一半。在同态加密领域,2009 年克雷格·金特里(Craig Gentry)使用理想格构造了可以支持任意深度电路的全同态加密方案。尽管该方案只是语义安全的,但是金特里的成果已经敲开了全同态加密这个困扰密码学界30多年的公开问题的大门。此后,国际上掀起了全同态加密研究的热潮,各种改进和变形的全同态加密方案相继被提出。尽管使用全同态加密技术解决实际应用问题还有很长的路要走,但是由全同态加密技术衍生出来的somewhat同态加密方案的效率相对较高,能否使用somewhat同态加密来进一步推动保护隐私的集合运算理论的发展,也是当前的研究热点。

1.4.3　保护隐私的集合运算的应用前景

研究保护隐私的集合运算的意义不仅在于解决集合运算中的隐私保护问题,同时保护隐私的集合运算经常作为底层协议被应用到众多安全算法中,具有广泛的应用前景。例如,查鲁·C.阿加沃尔(Charu C. Aggarwal)等人基于保护隐私的集合运算提出了保护隐私的数据挖掘算法;巴尔迪(Pierre Baldi)等人基于保护隐私的集合运算实现了人类基因组的安全测试;艾米莉亚诺·德·克里斯托法罗(Emiliano De Cristofaro)等人将保护隐私的集合运算应用到国土安全保护中;埃利·比尔斯坦(Elie Bursztein)等人设计的在线游戏实时攻击防护协议中也使用了保护隐私的集合运算;施什尔·纳加拉费(Shishir Nagaraja)等人基于保护隐私的集合运算实现了僵尸网络检测;吉塔·麦道尔(Ghita Mezzour)等人基于保护隐私的集合运算实现了社交网络中保护隐私的好友关系网络发现;阿尔温德·纳拉亚南(Arvind Narayanan)等人基于保护隐私的集合运算实现了保护隐私的位置信息分享;本尼·阿普勒鲍姆(Benny Applebaum)等人基于保护隐私的集合运算实现了拒绝服务攻击的检测;马辛·纳吉(Marcin Nagy)等人利用保护隐私的集合运算设计并开发了保护隐私的共同好友发现系统。如果保护隐私的集合运算在安全性和效率上能够得到进一步提高,那么上述应用协议也将随之得到优化。

综上所述,实现面向隐私保护的集合运算具有十分重要的研究意义和应用价值。研究和推广保护隐私的集合运算协议对安全协议在其他领域的应用有一定的借鉴意义。

第二部分

密码学基础

2 密码学概述

2.1 密码学演化史

密码学是一门发展中的交叉学科,由于其古老而深奥,对一般人来说既神秘又陌生。过去,密码学仅用于军事领域。随着计算机的发展和普及,基于数学和计算机的密码学得到了迅猛发展。纵观密码学的发展历史,可以将密码学划分为经典密码学和现代密码学两个阶段。

20世纪80年代以前的密码学是一种艺术,被称为经典密码学。经典密码学又可以被划分为两个时期。1949年之前是经典密码学发展的第一个时期,被称为古典密码阶段。其实,密码学的历史十分悠久。早在四千年前,埃及人就开始使用密码实现传递消息的保密性。这个阶段的典型密码技术有恺撒密码和维吉尼亚密码等。在此长达几千年的时间里,人们使用纸、笔或者简单器械实现的代换、置换来满足消息加密的需求。1883年,奥古斯特·柯克霍夫(Auguste Kerchoffs)第一次明确提出了"加密算法应建立在算法的公开且不影响明文和密钥安全的基础上"的编码原则,这个原则得到了广泛的认可,是古典密码学阶段的重要成果。从1949年到1975年,密码学成为一门独立的学科,是经典密码学发展的第二个时期。

图 2 - 1 二战期间德军所用的恩尼格码密码机

1949 年,美国数学家克劳德·艾尔伍德·香农(Claude Elwood Shannon)发表了论文《保密系统的通信理论》,论文在信息论的基础上阐述了关于密码系统分析、评价和设计的科学思想。文中所提出的破译密码的计算理论已和计算机理论中的计算复杂性理论结合起来,成为评价密码安全性的一个重要准则。香农的这篇论文也成为近代密码学开始的标志。在经典密码学发展的第二个时期中,密码机的出现使信息保护由手工方式转换为机器自动计算,大大提高了信息安全保护水平;同时,数据的安全性不再基于算法的保密性,而是基于密钥的保密性。从使用者的身份来看,经典密码学阶段的成果主要被军事和智囊机构使用。例如,明朝著名抗倭将领、军事家戚继光发明、使用了"反切密码"用于传递军事机密,并专门编写了一本《八音字义便览》用于培训情报人员和通信兵。第二次世界大战中,各个国家都致力于密码的截获和破译,密码技术成为直接影响二战胜败的重要因素。例如,1941 年我国著名密码破译专家池步洲截获并破译日本的一份密电,提前获知了日本准备偷袭珍珠港的情报。可惜,蒋介石将情报通报给美军之后并没有得到美军的重视,铸成了后来著名的日本偷袭珍珠港事件。在二战中,英国成功破译了德军的"恩尼格码"密码,帮助盟军掌握了二战欧洲战场的主导权。

1976 年,惠特菲尔德·迪菲(Whitefield Diffe)和马丁·赫尔曼(Mavtine Hellman)发表了《密码学新方向》,提出了一种新的密码设计思想,证明了通信双方在不传输密钥的情况下实现保密通信的可能性。这篇文章开创了公钥密码学的新纪元。从此,密码学进入了现代密码学阶段。20世纪80年代以后,计算机的性能得到了飞速提高,同时计算机网络逐步建立并发展起来。计算机网络将原来孤立的单机系统连接在一起,实现了信息和资源的共享。然而,随之而来的信息安全问题也不断凸显。由于信息在处理、存储、传输和使用上有严重的脆弱性,很容易被泄漏、窃取、篡改、伪造和破坏。人们开始使用防火墙、入侵检测设备和安全路由器等方式来抵御安全威胁。而防火墙、入侵检测设备和安全路由器等安全网关设备中使用了大量的密码学算法。近几年来,随着云计算、物联网、移动互联网等技术的进步和普及,新的安全威胁不断出现。这也促使着密码学算法更加优化。不同于经典密码学的军事化用途,现代密码学技术已经被广泛应用在日常生活中的方方面面。例如,银行使用密码学协议来保障网上银行的安全性;计算机基于密码学方法实现访问权限控制等。可以看出,现代密码学已经不再单纯为军方或智囊机构使用,而是成为国家机构、公司、组织和网民共同使用的技术。

2.2 现代密码学体制

现代密码学发展至今,主要有密码编码学和密码分析学两个分支。

密码编码学致力于建立难以被敌方或敌手攻破的安全密码体制。一个密钥系统通常由明文空间、密文空间、密钥空间、加密算法和解密算法五部分组成。被加密的原始信息被称为明文,加密后的信息被称为密文。加密过程就是根据一系列的规则(称为加密算法)将明文转换为密文的过程。解密过程是加密过程的逆过程,是指根据另外一系列规则(称为解密算法),将密文转换为明文的过程。加密过程和解密过程往往需要使用一对密钥进行控制，分别称为加密密钥和解密密钥。根据加密密钥和解密密钥是否相同可以将密码编码学算法划分为对称密码学算法和公钥密码学算法。

对称密码学算法的出现早于公钥密码学算法。在对称密码体制中，通信双方使用同一个密钥实现加密和解密。因此，对称密码体制也被称为单钥密码体制。对称密码体制的安全性依赖于密钥的保密性，而不是算法的保密性。也就是说，即使加密算法是公开的，只要密钥没有公开，信息的保密性依然可以保证。流密码和分组密码是对称密码算法中最常见的两类密码算法。流密码采用逐字加密方式完成加密。分组密码首先将信息分组，每个分组中包含多个字符，然后逐组进行加密。对称加密体制中最大的问题是密钥的分发和管理非常复杂且实施代价很高。尤其是大型网络中，当用户较为分散且数量较多时，对称加密体制的开销极高。但是，对称加密算法由于加密速度快，适用于高速保密通信。在公钥密码学算法中，通信双方使用不同的密钥分别实现加密和解密。因此，公钥密码体制也被称为是双钥密码体制或非对称密码体制。用于加密的密钥被称为公钥，是公开的。用于解密的密钥被称为私钥，是需要保密的。公钥密码学算法的安全性要求之一是利用公钥计算出私钥，这是十分困难的。相对于对称加密体制，公钥加密体制在密钥的分配和管理上容易得多。但是，由于公钥加密体制多数使用复杂的数学计算，多数公钥密码学算法的运算效率远远低于对称密码学算法的运算效率。

密码分析学主要是研究如何根据已经收集到的信息获得明文。对密码进行分析的尝试称为攻击。当前，攻击的方法主要有穷举攻击、统计分析攻击和数学分析攻击三类。根据密码分析时所利用的数据来源不同，也可以将攻击分为唯密文攻击、已知明文攻击、选择明文攻击和选择密文攻击四类。

如今,现代密码学作为一门重要的交叉学科,在促进信息化的健康发展中起了十分重要的作用。同时,现代密码学已经同生物学、量子学等学科有效结合,形成了生物特征密码学、视觉密码学、量子密码学等多个子学科。

2.3 密码学困难性假设

现代密码学方案尤其是公钥密码学方案的安全性是建立在解决某些问题的困难性假设基础上的。例如,RSA 公开密钥算法是基于大数分解困难性假设设计的,ElGamal 加密算法是基于离散对数困难性假设设计的,Paillier 加密算法的安全性依赖于合数剩余判定困难性假设。那么,在密码学中什么样的问题是困难的呢? 困难并不是无法计算或无法攻破,很多学者致力于研究当前密码学中常用困难性假设问题的解决算法并已经取得了一系列进展。例如,对于满足如下假设的大数分解困难性问题,已经陆续有更短运行时间的算法被提出。假设 $N = pq$, p 和 q 是两个长度相等但大小不同的素数,大数分解问题要求对 N 进行分解,即求出 N 的素因子。rho 方法是一种通用因子分解方法,针对上述大数分解问题,该算法的时间复杂度是 n 的指数函数,其中 n 是大数 N 的长度。二次筛算法也是一种通用因子分解方法,该算法的时间复杂度是 n 的亚指数函数。尽管解决这些困难性假设问题的研究仍在不断进行,但是当前没有找到多项式时间算法或概率多项式时间算法来解决这些问题。因此,当合理选择参数时,人们认为攻破基于这些困难性问题的密码学方案在时间上是不可接受的,从而保证了这些密码学方案在一段时间之内的安全性。当然,随着信息技术的不断进步,如果有一天这些困难性假设不再成立,那么所对应的密码学方案的安全性也将荡然无存。

本节介绍现代密码学方案中常用的困难性假设问题,深入地理解这些问题可以帮助我们更好地设计密码学方案。

2.3.1 大数分解困难性假设

在数论中,对一个数进行因子分解是一个古老的问题。分解一个小的数相对比较容易,例如下面使用试除法得到一个数的因子分解,其中 p_i 是互不相等的素数且 $x_i \geq 1$

$$12 = 2^2 \times 3$$

$$88 = 2^3 \times 11$$

$$\vdots$$

$$N = p_1^{x_1} p_2^{x_2} \cdots p_k^{x_k}$$

然而,分解一个较大的数就不是这么容易了。尽管当前已经有二次筛算法、连分式算法、普通数域筛选法等一系列研究成果,但是正如上文中提到的,这些算法无法在多项式时间或概率多项式时间内解决问题。因此,我们认为在当前的计算能力下,解决大数分解问题是困难的。这就是大数分解困难性假设,形式化定义如下:

给定一个大数 N, N 满足 $N = pq$, 其中 p 和 q 是两个长度相等但大小不等的素数。对于任意的多项式时间算法 $A(N) = (p', q')$, 存在一个可忽略的函数 $neg(n)$ 满足

$$P_r[A(N) = (p', q') \wedge (p', q') = (p, q)] \leqslant neg(n)$$

2.3.2 RSA 假设

RSA 假设是由罗纳德·李维斯特(Ronald Rivest)、阿迪·萨莫尔(Adi

Shamir)和伦纳德·阿德曼(Leonard Adleman)提出的,著名的 RSA 公钥加密算法就是在这个假设的基础上被提出来的。

RSA 假设的原理是:令 $\mathbb{Z}_N^*$ 是阶为 $\phi(N) = (p-1)(q-1)$ 的群。如果 N 的分解方法是已知的,则很容易计算出群的阶 $\phi(N)$,并且关于模 N 的计算可以简化为"指数对 $\phi(N)$ 取模"。但是,如果不知道 N 的分解形式,则计算 $\phi(N)$ 是困难的,关于模 N 的计算很难通过在"指数对 $\phi(N)$ 取模"来解决。RSA 问题利用这种不对称性:如果已知 $\phi(N)$ 则 RSA 问题容易解决,但是如果不知道 $\phi(N)$,则问题看起来很难解决。

运行 RSA 算法 $RSASetup(\tau)$ 产生 (N,e) 。其中 $N = pq$, p 和 q 是随机产生的两个 τ 比特素数, e 是一个与 $\phi(N)$ 互素的正整数,即 $gcd(e, \phi(N)) = 1$ 。我们称 RSA 问题是 (τ,t) 难解的,当对于任意的多项式时间算法 $A(n,e,\alpha)$ 满足

$$Pr\big[(N,e) \leftarrow RSASetup(\tau),\alpha \leftarrow \mathbb{Z}_N^* : A(n,e,\alpha) = \beta \, s.t. \beta^e = \alpha(\bmod N)\big] \leqslant \tau$$

2008 年,米希尔·贝拉里(Mihir Bellare)等人提出了 One – More – RSA 困难性假设,该假设指出即使敌手可以问询 RSA 预言机,RSA 问题仍然是难解的。令 $(N,e,d) \leftarrow KeyGen(\tau)$ 代表 RSA 密钥生成算法,对于随机数 $\alpha_j \leftarrow \mathbb{Z}_N^*$,其中($j = 1,\cdots,ch$),我们称 One – More – RSA 问题是 (τ,t) 难解的,当对于任意的多项式时间算法 $A(n,e,\alpha)$ 满足

$$Pr\big[\{(\alpha_i,(\alpha_i)^d)\}_{i=1,\cdots,v+1} \leftarrow A^{(\cdot)^{d\bmod N}}(N,e,\tau,\alpha_1,\cdots,\alpha_{ch})\big] \leqslant \tau$$

其中,敌手 A 至多可以向 RSA 预言机 $(\cdot)^{d\bmod N}$ 问询 v 次。

2.3.3　离散对数困难性假设

首先解释什么是离散对数。给定素数 p ,假设 α 是 Z_p^* 上的生成元, β 是 Z_p^* 上的元素,如果整数 x 满足 $\alpha^x \bmod p = \beta$,则称 x 是关于 α 底 β 的对

数,记作 $x = \log_a\beta$ 。下面讨论定义在任意循环群上的离散对数。假设 $\mathbb{G}$ 是 n 阶循环群, g 是 $\mathbb{G}$ 上的生成元,则对于任意的 $h \in \mathbb{G}$,存在唯一 $x \in Z_n$ 使得 $g^x = h$ 。当循环群 $\mathbb{G}$ 已知,则称 x 是关于 g 底 h 的对数,记作 $x = \log_g h$ 。可以看出,对于任意整数 x' ,如果 $g^{x'} = h$,则 $x = x' \bmod n$ 。从这个角度来讲,离散对数的值在"有限"范围内,而传统对数值的范围是无穷集合。尽管存在这种差别,但是传统对数的很多规则仍然适用于离散对数。例如,假设 e 是循环群 $\mathbb{G}$ 的单位元,则 $\log_g e = 0$ 。

严格的离散对数困难性假设如下:假设 p 是一个大素数且 $|p| = l$, $\alpha \in Z_p^*$ 是一个生成元, $\beta \in Z_p^*$ 且满足 $\alpha^x \bmod p = \beta$ 。对于任意的多项式时间算法 $A(\alpha, \beta, p)$,存在一个可忽略的函数 $neg(n)$ 满足

$$Pr\big[(A(\alpha, \beta, p) = x) \wedge (\alpha^x \bmod p = \beta)\big] \leqslant neg(n)$$

循环群上的离散对数困难性假设如下:给定 n 阶循环群 $\mathbb{G}$, g 是 $\mathbb{G}$ 上的生成元, h 是 $\mathbb{G}$ 上的元素。对于任意的多项式时间算法 $A(\mathbb{G}, g, h)$,存在一个可忽略的函数 $neg(n)$ 满足

$$Pr\big[(A(\mathbb{G}, g, h) = x) \wedge (x \in Z_n) \wedge (g^x = h)\big] \leqslant neg(n)$$

2.3.4 Diffie – Hellman 问题

Diffie – Hellman 问题与上文介绍的离散对数困难性假设具有一定的相关性。常用的 Diffie – Hellman 问题分为两类:一类是计算 Diffie – Hellman 问题,简称 CDH;另一类是判定 Diffie – Hellman 问题,简称 DDH。

给定 n 阶循环群 $\mathbb{G}$, g 是 $\mathbb{G}$ 上的生成元, h_1 和 h_2 都是 $\mathbb{G}$ 上的元素。计算 Diffie – Hellman 问题是指计算 $g^{\log_g h_1 \cdot \log_g h_2}$,判定 Diffie – Hellman 问题是指判定 $\mathbb{G}$ 上的元素 h' 是否满足 $h' = g^{\log_g h_1 \cdot \log_g h_2}$ 。

3 安全协议基础

3.1 安全协议的基本概念

【定义 3 – 1】协议

协议是指多个参与者为了达到某种目的而采取的一系列步骤。

在协议的定义中，明确了参与者的数量是多个，这里"多个"是指两个及以上，一个参与者按照指定的步骤达到某种目的不能被称为协议；协议是步骤的集合，参与者需要按照事先规定好的步骤一步一步地执行，因此在协议执行前参与者必须明确协议的步骤；协议是有目的性的，也就是说参与者所做的工作是有用功，没有任何目的的步骤累计是没有意义的。

【定义 3 – 2】安全协议

安全协议是多个参与者为了达到某种目的，借助计算机网络通过使用各种密码学技术而采取的一系列步骤。

和普通协议不同，安全协议的目的除了单纯地完成某项任务，还要保证安全性。例如，电子投票协议需要完成的任务是保障投票人所投的有效票被正确统计。安全电子投票协议除了实现电子投票协议的目的之外，还要保障协议抵抗恶意参与者的非正当行为（健壮性）；投票结束后，投票人可以验证其选票是否被正确计入(可验证性);不仅投票人可以验证自己的选票是否被正确计入,任何第三方均可以验证、监督投票结果的正确性(广泛可验证性);投票人无法向胁迫人证明他/她在投票过程中的投票信息(抗强制性);投票人无法证明他/她在投票过程中的投票信息(无收据性)等。

不同的协议,所要实现的目的不同。下面介绍安全协议经常要实现的目的:

(1)正确性(correctness):针对所有协议输入信息,协议都可以正确输出计算结果。这里,协议的输入信息既包含合理、有效的输入信息,也包含错误、无效的输入信息。当参与者输入了错误或者无效的输入信息时,协议应当检测出输入的不合理性,并给出正确的提示,从而结束协议。

(2)健壮性(robustness):一个完备的安全协议的定义中,会明确协议所能抵抗的攻击类型。健壮性是指安全协议可以按照其定义中所宣称的那样抵抗具有相应攻击能力的攻击者。

(3)隐私性(privacy):安全协议通过加密、匿名等手段保证信息不被泄露。

(4)公平性(fairness):安全协议的执行过程中,具有不同角色的参与者能够获得的计算成果可能是不同的。公平性保证了参与者能获得其角色应当获得的计算结果。例如,有些协议中规定所有参与者在计算结束后都可以获得相同的计算结果;如果有些参与者可以比其他参与者提前获得计算结果,在现实世界执行协议时他们可能会提前退出协议,从而使得其他参与者无法获得最终计算结果,这样的安全协议就是不公平的。

(5)不可否认性(non-repudiation):参与者不能否认自己所做的操作,即参与者要对所做的行为负责。

上面列举的安全协议的目的并不是完备的,很多安全协议有其他的目的。同时,并不是所有的安全协议都要实现以上目的,在对安全协议做出定义时,要根据实际的需求给出合适的目的。

实现协议安全性的手段是在协议中使用各种密码学技术。针对不同的安全性目的和协议所要完成的任务,安全协议所使用的密码学技术通常是不同的。

3.2 安全性分类

本节介绍密码学中的安全性分类,安全协议作为密码学的一个组成部分,同样遵从这种分类方法。

如果说古典密码学是一门艺术,那么现代密码学可以被称为是一门科学。现代密码学不再像古典密码学那样仅凭设计者的聪明才智即实现保密性,其安全性更多地依赖于科学、严谨、严格的数学理论。在对现代密码方案的安全性进行评估时,有信息论安全和计算安全两种安全性级别。虽然信息论安全的安全级别看似比计算安全要高,但是考虑到方案的可应用性时,人们往往选择具有计算安全性的密码学方案。

3.2.1 信息论安全

在设计密码学方案时,完美者希望方案具有永远的安全性,即方案永远不会被破解。1917 年,吉尔伯特·沃纳姆(Gilbert Vernam)创造出了具有这种安全性的加密方案,该方案被称为"一次一密"。然而,这种方案要求密钥必须至少和明文一样长,并且密钥以完全随机的方式产生,用一次就作废。当这种密码方案被应用在军事领域中时,考虑到安全需求的特殊性,可能还是可以实现的。但是,当这种方案被应用到商业领域中时,似乎成本就太高了。

在密码学中,这种永远的安全性又被称为是信息论安全,或理论安全、无条件安全。具体地说,信息论安全是指即使攻击者拥有无限的时间和计算能力,他们也没有足够的"信息"实现攻击。

3.2.2 计算安全

计算安全,又称实际安全,指从理论上可以破解,但攻击者在有限的攻击时间和计算能力下,无法成功实施攻击。当然,如果超出方案所限定的攻击时间或计算能力,攻击者是可以攻破方案的;但是,此时的攻击时间和计算能力往往是攻击者所无法承受的。例如,攻击密钥长度为 160 比特的 ECC 密码方案,需要使用一台计算速度为 100 万次/秒的计算机连续运行约 100 亿年。如此巨大的代价使得我们可以说此时的 ECC 密码方案是具有实际应用安全性的。

虽然计算安全比信息论安全的安全性要弱一些,但是由于具有信息论安全的密码学方案构造困难性和实用性较弱,使得现代密码学方案更多地采用计算安全性。现代密码学方案,尤其是公钥密码学方案多数是基于数学中的困难性假设提出的,如果有一天这些困难性假设不再成立,则相应的密码学方案也不再具有计算安全性。

除非特殊说明,本书中介绍的安全协议具有计算安全性。

3.3 安全协议的模型

3.3.1 攻击能力模型

在密码学中,安全协议的攻击者能力模型有 Corruption 模型、Action 模型和 Power 模型,如图 3 - 1 所示。

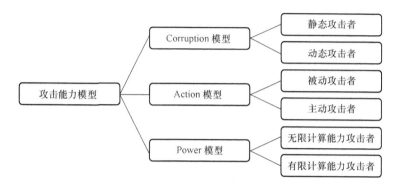

图 3 - 1　攻击能力模型

Corruption 模型描述攻击者控制参与者的能力。该模型将攻击者分为静态攻击者(又称非自适应攻击者)和动态攻击者(又称自适应攻击者)。静态攻击者仅仅能够在协议开始前攻陷参与者,协议开始后,攻击者只能控制一个任意但是固定的参与者集合。动态攻击者可以在协议开始前以及协议执行过程中根据自己的意愿随意选择攻击哪个参与者。

Action 模型描述攻击者的活动方式。该模型将攻击者分为被动攻击者和主动攻击者。被动攻击者(又称窃听者)仅能通过被攻陷的参与者收集信息,无法控制协议的执行过程。主动攻击者(又称拜占庭式的攻击者)完全控制通信信道,他们可以删除、注入、修改、重放、阻止信道中的消息,能够调度协议的执行,具有中间人攻击能力。

Power 模型描述攻击者的计算能力。该模型将攻击者分为无限计算能力攻击者和有限计算能力攻击者。有限计算能力攻击者其攻击能力限定于概率多项式时间。

3.3.2　计算模型

本书介绍的保护隐私的集合运算协议所要实现的安全性目的是保护参与者的输入隐私信息,即协议结束后,参与者只可以获得他们应该获得的计算结果,但无法获知除了计算结果以外的其他参与者的输入信息。针对这类安全协议,我们介绍三种计算模型,分别是基于"可信第三方"的计算模型、"交互计算"和"外包计算"三种。

假设参与者集合为 $P = \{P_1, P_2, \cdots, P_n\}$,对于 $1 \leqslant i \leqslant n$,每个参与者 P_i 持有的秘密信息为 x_i。使用安全协议时,参与者所获得的输出集合

$$f(x_1, x_2, \cdots, x_n) = \{f_1(x_1, x_2, \cdots, x_n), f_2(x_1, x_2, \cdots, x_n), \cdots, f_n(x_1, x_2, \cdots, x_n)\},$$

其中 $f_i(x_1, x_2, \cdots, x_n)$ 是参与者 P_i 所获得的输出信息。下面,我们使用 *TrustServer* 表示可信第三方,使用 *OutServer* 表示外包计算模型中的外包服务器。

多个参与方为了安全地计算某个函数,可将自己的输入信息交给可信第三方,由可信第三方完成运算后将结果发送给各参与者,如图 3 − 2 − (a) 所示。这种计算模型下的计算流程大致如下:

(1)对于 $1 \leqslant i \leqslant n$,参与者 P_i 将其秘密信息 x_i 发送给 *TrustServer*;

(2)收集到所有参与者发送的秘密信息后,*TrustServer* 计算 $f(x_1, x_2, \cdots, x_n)$;

(3)*TrustServer* 将 $f_i(x_1, x_2, \cdots, x_n)$ 发送给 P_i。

计算结束后,参与者 P_i 得到 $f_i(x_1, x_2, \cdots, x_n)$,*TrustServer* 得到 $X = \{x_1, x_2, \cdots, x_n\}$ 和 $f(x_1, x_2, \cdots, x_n)$。可以看出,*TrustServer* 通过计算过程可以获得全部秘密信息,信息的保密性由可信第三方来保证。然而,现实生活中很难找到这样一个可以完全信任的第三方机构。因此,这种方案不能

满足实际的安全需求。在当前对安全协议的研究中,已经很少使用这种计算模型。

　　交互计算模型是安全协议提出以来,使用最为广泛的一种计算模型。在交互计算模型中,各参与者互不信任,因此不会将各自的秘密信息直接发送给其他参与者,也无需将保密信息交给第三方,而是由各参与者按照协议步骤通过交互计算共同完成函数运算,如图 3 - 2 - (b)所示。这种计算模型下的计算流程大致如下:参与者按照协议步骤执行计算,将协议要求的中间计算结果发送给其他参与者以及接收其他参与者发送的中间计算结果。计算结束后,参与者 P_i 得到 $\{f_i(x_1, x_2, \cdots, x_n), VIEW_i(x_1, x_2, \cdots, x_n)\}$,其中 $VIEW_i(x_1, x_2, \cdots, x_n)$ 表示参与者 P_i 在协议执行过程中得到的视图信息,主要包括 P_i 计算的中间结果和接收其他参与者发送的中间结果。可以看出,信息的保密性由协议的安全性来保证。

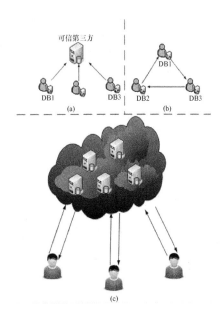

图 3 - 2　安全协议的计算模型

外包计算是近几年随着云计算技术的发展而逐渐引起学者重视的一种新型计算模型。在云计算环境中,参与者的本地计算能力非常有限,而云计算服务提供商以低廉的价格提供计算资源。但是,出于对自己隐私信息的保护,参与者往往不希望直接将信息委托给云计算服务提供商,也不希望服务提供商得知计算结果。这种应用场景和安全协议不谋而合。因此,外包计算成为近几年来安全协议中经常使用的一种计算模式,如图3 - 2 - (c)所示。参与者将自己的秘密信息经过一系列处理后外包存储在外包服务器上,当需要对所有参与者的秘密信息进行某种计算时,外包服务器完成计算。当然,外包服务器在计算过程中可能需要和参与者进行必要的信息交互。这种计算模型下的计算流程大致如下:

(1)对于$1 \leqslant i \leqslant n$,参与者$P_i$对其秘密信息$x_i$在本地进行计算处理得到$x'_i$,然后将$x'_i$发送给$OutServer$。

(2)收集到所有参与者发送的信息后,$OutServer$调用可用的计算资源并通过和参与者的少量信息交互完成协议的运算。运算结束后,$OutServer$得到$f'(x_1, x_2, \cdots, x_n) = \{f'_1(x_1, x_2, \cdots, x_n), f'_2(x_1, x_2, \cdots, x_n), \cdots, f'_n(x_1, x_2, \cdots, x_n)\}$。

(3)对于$1 \leqslant i \leqslant n$,$OutServer$将$f'_i(x_1, x_2, \cdots, x_n)$发送给参与者$P_i$。$P_i$在本地对$f'_i(x_1, x_2, \cdots, x_n)$进行简单的计算处理得到$f_i(x_1, x_2, \cdots, x_n)$。

计算结束后,参与者P_i得到$\{f_i(x_1, x_2, \cdots, x_n), VIEW_i(x_1, x_2, \cdots, x_n)\}$,其中$VIEW_i(x_1, x_2, \cdots, x_n)$表示参与者$P_i$在协议执行过程中得到的视图信息,主要包括$P_i$计算的中间结果和接收$OutServer$发送的中间结果。$OutServer$得到

$$\{f'(x_1, x_2, \cdots, x_n), VIEW_{OutServer}(x_1, x_2, \cdots, x_n)\}$$

其中$VIEW_{OutServer}(x_1, x_2, \cdots, x_n)$表示$OutServer$在协议执行过程中得到的视

图信息,主要包括 *OutServer* 计算的中间结果和接收各参与者发送的中间结果。可以看出,信息的保密性由协议的安全性来保证。

3.3.3　通信模型

安全协议中使用的时钟模型包括同步通信模型和异步通信模型两种。同步通信模型是指所有参与方共同使用一个时钟服务器,同时接收或发送消息;异步通信模型是指各参与方按照不同的时钟周期接收或者发送消息,可能存在延时或乱序的情况。异步通信模型更加符合实际的网络环境。

安全协议使用的信道包括公开信道模型、匿名信道模型、点对点信道和公告板等。公开信道模型中,每一个参与者发送的消息及其身份标识都可以被其他所有参与者收到。在点到点安全信道上,任意参与者之间都存在可靠的安全信道,该信道上传输的消息不会泄漏给其他参与者。在实际的通信网络中,可以通过加密技术实现点到点安全信道。公告板是一个具有存储空间的广播信道,任何参与者(包括第三方)都可以获得公告板上的内容。每个合法参与者在公告板上都有自己的有效存储空间,合法参与者可以将信息顺序写入公告板,但是任何人都无法删除公告板上的信息。

3.4　安全协议的设计原则

乔纳森·卡扎(Jonathan Katz)和耶胡达·林德尔(Yehuda Lindell)提出了设计密码学方案的三大原则。当然,这三大原则同样适用于安全协议。

【原则1】陈述安全协议要解决的问题时需要给出精确的安全性定义。

【原则2】必须明确地陈述方案所依赖的困难性假设。

【原则3】针对【原则1】所提出的安全性定义,基于【原则2】所提出的困难性假设,需要对安全协议的安全性进行严格证明。

可以看出,上述三大原则主要是针对具有计算安全性的安全协议。虽然当前也有很多学者在研究信息论安全的安全协议,但由于当前多数研究集中在具有计算安全性的安全协议上,本书也仅探讨计算安全性下的保护隐私的集合运算协议。

3.4.1 精确的安全性定义

精确的安全性定义是设计、使用和研究密码学协议的前提。由于不同类型的密码学协议中采用的安全性定义有所不同,而安全协议往往以各种加密方案作为设计基础,因此下面分别讨论加密方案和安全协议的安全性定义。

3.4.1.1 加密方案的安全性定义

卡扎和林德尔给出了加密方案安全性定义的通用形式:如果特定的攻击者不能完成特定的攻击,则实现某特定任务的密码学方案是安全的。这个通用形式的安全性定义主要明确了两个问题:攻击者的类型和攻破的定义。

在上一节中我们已经介绍了加密方案的攻击能力模型,也就是这里所说的攻击者的类型。下面介绍攻破的类型和手段。对于加密方案而言,有四种不同类型的攻破和攻破手段。

(1)唯密文攻击(Ciphertext – Only Attack,COA)。唯密文攻击是最基本的攻击方式,表示攻击者只掌握了一个或多个密文,试图确定这些密文对应的明文。

（2）已知明文攻击（Known – Plaintext Attack，KPA）。已知明文攻击是指攻击者掌握了使用相同密钥加密的若干明文和对应的密文，试图确定更多的密文对应的明文。

（3）选择明文攻击（Chosen – Plaintext Attack，CPA）。选择明文攻击是指攻击者可以选择一些明文，并得到这些明文所对应的密文。攻击者试图确定其他密文对应的明文。

（4）选择密文攻击（Chosen – Ciphertext Attack，CCP）。选择密文攻击是指攻击者可以选择一些密文，并得到这些密文所对应的明文。攻击者试图确定其他密文对应的明文。

3.4.1.2　安全协议的安全性定义

奥代德·戈德里克（Oded Goldreich）提出的安全性定义被广泛接受和使用。在介绍这个定义之前，先介绍安全协议中参与者的分类和模型。

安全协议的参与者分为诚实参与者、半诚实参与者和恶意参与者。在整个协议执行过程中，诚实参与者对协议完全"遵纪守法"，不存在提供虚假数据、泄漏、窃听和中止协议的行为；半诚实参与者虽然会按照要求执行各个步骤，不存在提供虚假数据、中止协议等行为，但是他们会保留所有收集到的信息以便推断出其他参与者的秘密信息；恶意参与者完全无视协议执行要求，他们可能存在提供虚假数据、泄漏他们收集到的所有信息、窃听甚至中止协议等行为。

根据安全协议中参与者的不同，安全协议的参与者模型分为半诚实模型（the semi – honest model）和恶意模型（the malicious model）。半诚实模型下，协议的参与者仅包含诚实参与者和半诚实参与者。如果恶意参与者参与协议的执行，则此类参与者模型被称为恶意模型。

戈德里克安全性定义可以直观地理解为，对于一个半诚实参与者，如果可以利用自己的输入与协议的输出通过单独模拟整个协议的执行过程而得到在执行协议过程他所能得到的任何信息,那么协议就能保证输入的隐私性;对于一个恶意参与者,如果可以直接利用协议的输出通过单独模拟整个协议的执行过程而得到协议过程中他所能得到的任何信息,那么协议就能保证输入的隐私性。如果一个计算协议能被这样模拟,参与者就不能从协议的执行过程中得到有价值的信息,这样的多方计算就是安全的。和加密方案的安全性定义类似,戈德里克安全性定义实际上已经明确了攻击者的类型和攻破的定义。半诚实模型下的攻击者是静态、被动的攻击者,具有有限的计算能力;恶意模型下的攻击者是动态的、主动的攻击者,具有有限的计算能力。不论是半诚实模型还是恶意模型,攻破指的是攻击者利用他/她所得到的输出信息和中间信息推导出其他参与者的输入隐私数据。

下面分别介绍半诚实模型、恶意模型下安全两方协议的安全性定义。以此类推,可以得出安全多方协议的安全性定义。

假设参与者 P_1 和 P_2 要计算函数 $f: \{0,1\}^* \times \{0,1\}^* \mapsto \{0,1\}^* \times \{0,1\}^*$,也可以表示为 $f(x,y) = [f_1(x,y), f_2(x,y)]$ 。协议 Π 是参与者 P_1 和 P_2 计算函数 f 的两方协议。

(1)半诚实模型下安全两方协议的安全性。

【定义 3-3】(半诚实模型下的秘密计算)

在协议 Π 的执行过程中,参与者 P_1 和 P_2 得到的信息分别记作 $VIEW_1^{\Pi}(x,y) = (x, r^1, m_1^1, m_2^1, \cdots, m_t^1)$, $VIEW_2^{\Pi}(x,y) = (x, r^2, m_1^2, m_2^2, \cdots, m_t^2)$ 。其中, r^i 表示 P_i 产生的随机数, m_j^i 表示 P_i 接收到的第 j 个信息。协议 Π 执行完后,参与者 P_i 的输出结果记为 $OUTPUT_i^{\Pi}(x,y)$ 。可以看出, $OUTPUT_i^{\Pi}(x,y)$ 实际上是 $VIEW_i^{\Pi}(x,y)$ 中的一部分。

对于确定性功能函数 f，我们称协议 Π 在半诚实模型下秘密地计算了 f 当且仅当存在概率多项式时间算法 S_1 和 S_2，满足

$$\{S_1(x,f_1(x,y))\}_{x,y\in\{0,1\}} \stackrel{c}{\equiv} \{VIEW_1^{\Pi}(x,y)\}_{x,y\in\{0,1\}}.$$

$$\{S_2(y,f_2(x,y))\}_{x,y\in\{0,1\}} \stackrel{c}{\equiv} \{VIEW_2^{\Pi}(x,y)\}_{x,y\in\{0,1\}}.$$

其中，$|x|=|y|$。

对于更一般的功能函数 f，我们称协议 Π 在半诚实模型下秘密地计算了 f 当且仅当存在概率多项式时间算法 S_1 和 S_2，满足

$$\{(S_1(x,f_1(x,y)),f_2(x,y))\}_{x,y} \stackrel{c}{\equiv} \{(VIEW_1^{\Pi}(x,y),OUTPUT_2^{\Pi}(x,y))\}_{x,y}$$

$$\{(f_1(x,y)),S_2(y,f_2(x,y))\}_{x,y} \stackrel{c}{\equiv} \{(OUTPUT_1^{\Pi}(x,y),VIEW_2^{\Pi}(x,y))\}_{x,y}$$

其中，$|x|=|y|$。

【定义 3-4】（半诚实模型下的安全性）

如果 $\overline{C}=(C_1,C_2)$ 是理想模型中攻击者使用的多项式规模的电路族。在理想模型中，电路族 $\overline{C}$ 是可接受的，当且仅当至少存在一个 C_i 满足 $C_i(I,O)=O$。在理想模型中，对于输入对 (x,y)，$\overline{C}$ 所做的操作记为

$$IDEAL_{f,\overline{C}}(x,y)=(C_1(x,f_1(x,y)),C_2(y,f_2(x,y)))$$

如果 $\overline{C}=(C_1,C_2)$ 是现实模型中攻击者使用的多项式规模的电路族。在现实模型中，电路族 $\overline{C}$ 是可接受的，当且仅当至少存在一个 C_i 满足 $C_i(V)=O$。其中，O 代表 $OUTPUT$，V 代表 $VIEW$。在现实模型中对于输入对 (x,y)，使用电路族 $\overline{C}$ 实现的协议 Π 所作的操作记为

$$REAL_{\Pi,\overline{C}}(x,y)=(C_1(VIEW_1^{\Pi}(x,y)),C_2(VIEW_2^{\Pi}(x,y)))$$

对于现实模型中可接受多项式电路族 $\overline{A}=(A_1,A_2)$ 和理想模型中可接受电路族 $\overline{B}=(B_1,B_2)$，如果存在一个多项式时间可计算的转换使得下面

公式成立,则称在半诚实模型下协议 Π 安全地实现了函数 f

$$\{IDEAL_{f,\bar{B}}(x,y)\}_{|x|=|y|} \stackrel{C}{\equiv} \{REAL_{\Pi,A}(x,y)\}_{|x|=|y|}$$

可以看出,定义 3 - 3 和定义 3 - 4 是等价的。也就是说,在半诚实模型下协议 Π 安全地实现了函数 f 当且仅当协议 Π 秘密地实现了函数 f。

(2)恶意模型下安全两方协议的安全性。

在恶意模型中,恶意参与者可能存在以下行为:在协议还没开始时,恶意参与者拒绝参与协议的执行;在协议执行过程中,恶意参与者在获得自己想要的信息后或者在任意时间拒绝继续执行协议($\perp$ 是协议终止符);在协议开始时,恶意参与者提供虚假的输入信息;在协议执行过程中,恶意参与者提供需要中间信息。

【定义 3 - 5】(理想模型中的恶意攻击者)

如果 $\bar{C} = (C_1, C_2)$ 是理想模型中攻击者使用的多项式规模的电路族。在理想模型中,电路族 $\bar{C}$ 是可接受的,当且仅当至少存在一个 C_i 满足 $C_i(I) = I$,$C_i(I,O) = O$。在理想模型中,对于输入对 (x,y),$\bar{C}$ 所作的操作记为 $IDEAL_{f,\bar{C}}(x,y)$,且满足如下性质:

如果 $C_2(I) = I, C_2(I,O) = O$,即参与者 P_2 是诚实的,此时有

$$IDEAL_{f,\bar{C}}(x,y) = \begin{cases} (C_1(x,\perp),\perp), & \text{当 } C_1(x) = \perp \text{ 时} \\ (C_1(x,f_1(C_1(x),y),\perp),\perp), & \text{当 } C_1(x) \neq \perp \text{ 且 } C_1(x,f_1(C_1(x),y)) = \perp \text{ 时} \\ (C_1(x,f_1(C_1(x),y)),f_2(C_1(x),y)), & \text{其他} \end{cases}$$

如果 $C_1(I) = I, C_1(I,O) = O$,即参与者 P_1 是诚实的,此时有

$$IDEAL_{f,\bar{C}}(x,y) = \begin{cases} (\perp,C_2(y,\perp)), & \text{当 } C_2(y) = \perp \text{ 时} \\ (f_1(x,y),C_2(y,f_2(x,C_2(y)))), & \text{其他} \end{cases}$$

下面举例说明理想模型下存在恶意参与者时协议的步骤。在理想模

型中,假设存在一个可信第三方(Trusted Third Party,TTP),它允许 P_1 存在恶意行为,但不允许 P_2 存在恶意行为。此时,理想模型下协议的执行过程如下:

假设参与者 P_1 和 P_2 的输入信息分别为 z_1 和 z_2。

步骤一:参与者将输入信息发送给 TTP。诚实参与者会将正确的输入信息发送给 TTP;恶意参与者可能会拒绝参与协议或者发送虚假输入信息,如 $z' \in \{0,1\}^{|z|}$。

步骤二:TTP 回应 P_1。假设 TTP 收到的输入信息对为 (x,y),则 TTP 会发送 $f_1(x,y)$ 给 P_1。如果 TTP 仅收到一个输入信息,则发送终止符 $\perp$ 给 P_1 和 P_2。

步骤三:TTP 回应 P_2。如果 P_1 是恶意参与者且在收到 TTP 发送的回应消息后终止 TTP,则 TTP 发送终止符 $\perp$ 给 P_2。否则,TTP 发送 $f_2(x,y)$ 给 P_2。

步骤四:协议输出。诚实参与者会把他从 TTP 获得的消息作为协议输出;恶意参与者会输出任意一个多项式时间函数,该函数的输入为恶意参与者的初始输入以及 $f_1(x,y)$。

【定义 3 - 6】(现实模型中的恶意攻击者)

如果 $\overline{C} = (C_1, C_2)$ 是现实模型中攻击者使用的多项式规模的电路族。在现实模型中,电路族 $\overline{C}$ 是可接受的,当且仅当至少存在一个 C_i 满足协议 Π 中相应的操作。在现实模型中,对于输入对 (x,y),$\overline{C}$ 所作的操作记为 $REAL_{\Pi,\overline{C}}(x,y)$。$REAL_{\Pi,\overline{C}}(x,y)$ 实际上是经过 $C_1(x)$ 和 $C_2(y)$ 的交互操作后的输出对。

【定义 3 - 7】(恶意模型下安全两方计算的安全性)

对于现实模型中可接受多项式电路族 $\overline{A} = (A_1, A_2)$ 和理想模型中可接

受电路族 $\overline{B} = (B_1, B_2)$，如果存在一个多项式时间可计算的转换使得

$$\{IDEAL_{f,\overline{B}}(x,y)\}_{|x|=|y|} \overset{c}{\equiv} \{REAL_{\Pi,A}(x,y)\}_{|x|=|y|}$$

公式成立，则称在恶意模型下协议 Π 安全地实现了函数 f。

3.4.2 明确的困难性假设

正如前文中所陈述，大多数现代密码学方案不是信息论安全的，而是计算安全的。这种安全性使得多数现代密码学方案依赖于某种计算困难性假设。现代密码学方案要求必须给出明确的困难性假设。例如，RSA 公开密钥算法是基于大数分解困难性假设设计的，ElGamal 加密算法是基于离散对数困难性假设设计的，Paillier 加密算法的安全性依赖于合数剩余判定困难性假设设计的。

3.4.3 严格的安全性证明

对于给定的密码学方案，如果已经给出了精确的安全性定义和明确的困难性假设，并不能说明这个密码学方案是安全的。如何证明某个密码学方案是安全的呢？"使用穷举法，利用目前已知的各种攻击手段对密码学方案进行攻击，如果所有这些攻击手段都无法攻破给定密码学方案，那么这个密码学方案就是安全的。"这看似是一种比较完备的证明手段，但是通过这种方式证明为"安全的"密码学方案能否抵御未知的或未来提出的各种新型攻击方式呢？谁也不能给出肯定的答案，因为我们无法预知未来的攻击手段是什么样子的。另外，这种证明手段在效率上似乎比较低，因为当前已知的攻击手段非常之多。

为了保证安全性，密码学方案必须给出严格的安全性证明。可证明安全性理论(Provable Security)是现代密码学方案中广泛使用的一种证明方

案安全性的形式化方法。形式化方法是指运用规范化的数学描述语言和形式推理,使用精确的数学手段和强大的分析工具进行计算机系统的分析。1978 年,罗杰·M.李约瑟(Roger M. Needham)等人首次将形式化方法引入到公钥密码协议分析中。随后,众多学者投入到了密码学方案的形式化分析中。可证明安全理论是在预先确定的安全模型下,利用"规约"思想来分析协议安全性的形式化证明方法。沙菲·戈德瓦塞尔(Shafi Goldwasser)等人首先提出了可证明安全理论的思想,并给出了相应的加密和签名方案。1979 年,迈克尔·O.拉宾(Michael O. Rabin)使用可证明安全理论思想,基于求二次剩余困难性问题提出了一个加密方案。后来,米希尔·贝拉里(Mihir Bellare)等人提出了著名的随机预言(Random Orack,RO)模型方法论,将安全性证明从理论研究引入到了实际应用领域。借助于可证明安全性理论,我们可以像进行数学定理证明那样对协议的安全性进行推理。该方法以计算复杂性理论为基础,首先确定密码学方案的安全目标,然后根据攻击者的能力选择适当的攻击模型,最后采用形式化的方法分析出攻破该方案的唯一方法是攻破某个数学困难性问题。通俗地讲,通过可证明安全性理论,我们将密码学方案的安全性规约到某个数学困难性假设中。

4 密码学算法和协议

保护隐私的集合运算协议使用密码学工具实现多个参与者的输入集合上的某种运算。本章介绍密码学知识,这些内容是设计和评价保护隐私集合运算协议的基础。下面首先介绍一个小故事。

在遥远的古代,A 国的国王将其拥有的宝藏都藏在深山里的藏宝阁中,并将整个国家的管理工作分配给自己的五个儿子。为了防止其中任何一个王子私吞宝藏,他将显示宝藏地点的藏宝图撕成了五份,并分别交给了自己的五个儿子。国王交代五个儿子,只有国家遇到灾荒时他们才可以拿出手里的地图碎片拼出完整的藏宝图。

上面的场景在文学和影视作品中十分常见。事实上,文学和影视作品也是源自生活。现实生活中,很多国家机密、企业秘密等也需要在多个参与者之间进行分享,这就是本章要介绍的基础协议之一——秘密共享的应用场景。除了秘密共享,本章还会给读者介绍公钥密码学算法、不经意传输、零知识证明、比特承诺、盲签名、安全多方计算、通用混淆电路估值技术等设计保护隐私集合运算协议时经常使用的密码学原语。

4.1 公钥密码学算法

公钥密码学算法被提出后,各国国家机关和密码学学者都致力于研究安全、高效的公钥密码学算法。当然,并不是所有的这些算法都是可用的,有些算法本身是不安全的。即使那些被证明是安全的算法,也可能因算法效率太低、密钥过长或者密文过长等原因而不能被实际应用。

本节首先介绍第一个被认为较为完善的公钥密码学算法——RSA 公开密钥算法,然后介绍公钥密码学算法中一类特殊的算法——同态加密算法。

4.1.1　RSA 公开密钥算法

一个公开密钥算法 ε 可以表示为

$$\varepsilon = \{KeyGen_\varepsilon, Encrypt_\varepsilon, Decrypt_\varepsilon\}$$

其中,$KeyGen_\varepsilon$ 是密钥生成算法;$Encrypt_\varepsilon$ 是加密算法;$Decrypt_\varepsilon$ 是解密算法。

著名的公开密钥算法 RSA 算法是以它的发明者李维斯特(Ron Rivest)、萨莫尔(Adi Shamir)和阿德曼(Leonard Adleman)的名字命名的。RSA 公开密钥算法既可以用于加密,也可以用于数字签名。本书第 6 章中介绍的基于认证的保护隐私的集合交集协议就使用了 RSA 公开密钥算法实现数字签名。RSA 算法的安全性取决于 RSA 假设,本书第 2 章中对 RSA 假设进行了详细的介绍,建议读者首先阅读该章节。

【协议 4-1】RSA 公开密钥算法

密钥生成算法:RSA 公开密钥算法的密钥包含加密密钥 (e,n) 和解密密钥 d。

步骤 1:随机产生两个大素数 p 和 q(为了保证安全性,这两个大素数的二进制位数通常是一样的),然后计算乘积

$$n = pq$$

步骤 2：随机产生加密密钥 e ，满足 e 和 $(p-1)(q-1)$ 互素。

步骤 3：使用欧几里得扩展算法计算解密密钥 d ，满足

$$ed \equiv 1 \bmod (p-1)(q-1)，且 d 和 n 互素$$

即

$$d = e^{-1} \bmod (p-1)(q-1)，且 d 和 n 互素$$

加密算法：

当需要加密明文 m 时，首先将 m 分成比 n 小的数据分组 $\{m_1, m_2, \cdots, m_v\}$ ，然后对每个分组分别加密

$$c_i = m_i^e (\bmod n)$$

加密后的密文由长度相等的分组 $\{c_1, c_2, \cdots, c_v\}$ 组成。

解密算法：

解密时，取每一个加密后的分组 c_i 并计算

$$m_i = c_i^d (\bmod n)$$

由于 $c_i^d = m_i^{ed} = m_i^{k(p-1)(q-1)+1} = m_i \times (m_i^{(p-1)(q-1)})^k = m_i \times (m_i^{\varphi(n)})^k = m_i \times 1 = m_i$ ，所以上述过程能够正确恢复出明文。

4.1.2 同态加密方案

一个公钥同态加密方案 ε 可以表示为

$$\varepsilon = \{KeyGen_\varepsilon, Encrypt_\varepsilon, Decrypt_\varepsilon, Evaluate_\varepsilon\}$$

其中，$KeyGen_\varepsilon$ 是密钥生成算法；$Encrypt_\varepsilon$ 是加密算法；$Decrypt_\varepsilon$ 是解密算法；$Evaluate_\varepsilon$ 是同态加密方案特有的功能算法，其输入是公钥 pk 、许可电路集 C_ε 上的电路 C 、密文集合 $\Psi = \{\varphi_1, \varphi_2, \cdots, \varphi_t\}$ ，输出是密文 φ 。以上四种算法的计算复杂度是安全参数 λ 的多项式函数，其中 $Evaluate_\varepsilon$ 的计算复杂度是安全参数 λ 和电路(算法) C 大小的多项式函数。可以看出，和

普通的公开密钥算法相比,同态加密方案中增加了一个特殊的功能算法即 $Evaluate_\varepsilon$。为方便起见,下文中使用 E 表示加密算法,使用 D 表示解密算法。

【定义 4 – 1】(同态加密方案的正确性)

方案 ε 在许可电路集 C_ε 上是正确的(correct)是指对于 $KeyGen_\varepsilon$ 输出的任意公私钥对 (sk, pk),任意电路 $C \in C_\varepsilon$,任意明文 $\pi_1, \pi_2, \cdots, \pi_t$,以及任意密文 $\Psi = \langle \varphi_1, \varphi_2, \cdots, \varphi_t \rangle$(其中, $\varphi_i \leftarrow Encrypt_\varepsilon(pk, \pi_i)$)有

$$\varphi \leftarrow Encrypt_\varepsilon(pk, C, \Psi) \Rightarrow C(\pi_1, \pi_2, \cdots, \pi_t) = Decrypt_\varepsilon(sk, \varphi)$$

【定义 4 – 2】(同态加密)

如果方案 ε 在许可电路集 C_ε 上是正确的,并且 $Decrypt_\varepsilon$ 可以用大小为 $poly(\lambda)$ 的电路表示,则称方案 ε 在许可电路集 C_ε 上是同态的。

特别是,对于同态方案 ε,如果许可电路集 C_ε 中仅包含加法电路,则称 ε 为加同态加密方案;如果许可电路集 C_ε 中仅包含乘法电路,则称 ε 为乘同态加密方案;如果许可电路集 C_ε 是所有电路的全集,则称 ε 为全同态加密方案。

下面介绍四个经典的同态加密方案。

【协议 4 – 2】ElGamal 同态加密方案

1985 年,塔希尔·盖莫尔(Taher ElGamal)基于有限域上的离散对数难题提出了 ElGamal 加密协议,该协议满足乘同态性。

系统参数:选择大素数 p,满足 Z_p 中离散对数问题是难解的。g 是 Z_p^* 的本原元。明文集 $M = Z_p^*$,密文集 $C = Z_p^* \times Z_p^*$。选择系统私钥 $\alpha < p$,则系统公钥为 $\beta \equiv g^\alpha \bmod p$。$m$ 为待发送的明文消息。

加密:选择随机数 $k \in Z_{p-1}$,且 $gcd(k, p-1) = 1$,$E(m) = (x, y) = (g^k \bmod p, m\beta^k \bmod p)$。

解密:$m = \dfrac{y}{x^\alpha}$。

ElGamal 加密方案是一种乘同态加密方案。对于明文 m_1, m_2，加密后得到的密文分别为 $E(m_1) = (g^{k_1} \bmod p, m_1 \beta^{k_1} \bmod p)$，$E(m_2) = (g^{k_2} \bmod p, m_2 \beta^{k_2} \bmod p)$。并且有 $E(m_1)E(m_2) = (g^{k_1+k_2} \bmod p, m_1 m_2 \beta^{k_1+k_2} \bmod p)$。执行解密操作有 $D(E(m_1)E(m_2)) = m_1 m_2$。因此，ElGamal 加密方案满足乘法同态性。

【协议 4 – 3】Paillier 同态加密方案

Paillier 加密方案的安全性依赖于合数剩余判定假设（Decisional Composite Residuosity Assumption，DCRA），即没有多项式时间算法来区分一个模数是否是模 n^2 的 n 次剩余。方案具体描述如下。

系统参数：选择两个大素数 p 与 q，并计算 $n = pq$。选择随机整数 g 使得 $\gcd(L(g^\lambda \bmod n^2), n) = 1$，其中 $L(x) = \dfrac{x-1}{n}$。系统公钥 (n, g)，系统私钥为 $\lambda(n) = lcm((p-1), (q-1))$。$m$ 为待加密的明文消息。

加密：选择随机数 $r \in z_p^*$，计算 $E(m) = g^m r^n \bmod n^2$。

解密：计算 $m = \dfrac{L(E(m)^{\lambda(n)} \bmod n^2)}{L(g^{\lambda(n)} \bmod n^2)} \bmod n$。

Paillier 加密方案是加同态加密方案。对于明文 m_1, m_2，加密后得到的密文分别为 $E(m_1) = g^{m_1} r_1^n \bmod n^2$，$E(m_2) = g^{m_2} r_2^n \bmod n^2$。并且有 $E(m_1)E(m_2) = g^{m_1+m_2}(r_1 r_2)^n \bmod n^2$。执行解密操作有 $D(E(m_1)E(m_2)) = m_1 + m_2$。因此，Paillier 加密方案满足加法同态性。

【协议 4 – 4】GM 同态加密方案

Goldwasser – Micali（GM）加密方案是第一个被证明为 CPA 安全的公钥加密方案，其安全性依赖于从合数模的二次非剩余中区分出二次剩余的困难性假设。方案具体描述如下。

密钥生成算法：系统公钥 $pk = (n, z)$，系统私钥为 $sk = (p, q)$。其中，

p 与 q 是两个大素数，$n = pq$，z 是模 n 的二次非剩余中的随机数。

加密算法：给定待加密的明文比特 $m \in \{0,1\}$ 和系统公钥 pk，加密方首先产生一个随机数 $r \leftarrow Z_n^*$。如果 $m = 0$，则 $E(m) = r^2 \bmod n$；如果 $m = 1$，则 $E(m) = zr^2 \bmod n$。

解密算法：对于密文 $E(m)$，判断 $E(m)$ 是否为模 n 的一个二次剩余。如果 $E(m)$ 是模 n 的一个二次剩余，则明文 $m = 0$；如果 $E(m)$ 不是模 n 的一个二次剩余，则明文 $m = 1$。

GM 加密方案满足异或同态性。对于明文 m_1, m_2，$D(E(m_1)E(m_2)) = m_1 \oplus m_2$。

GM 加密方案满足非运算同态性。对于明文 m_1，$E(m_1) \times z = E(m_1 \oplus 1) = E(\overline{m_1})$。其中，$\overline{m_1}$ 表示明文比特 m_1 的非门值。

GM 加密方案满足重复加密随机性。对于密文 c，$D(c \times E(0)) = D(c)$。

【协议 4-5】高级 GM 同态加密方案

高级 GM 同态加密方案具有与运算同态性。

密钥生成算法：系统公钥 $pk = (n, z)$，系统私钥 $sk = (p, q)$。其中，p 与 q 是两个大素数，$n = pq$，z 是模 n 的二次非剩余中的随机数。

加密算法：给定待加密的明文比特 $m \in \{0,1\}$ 和系统公钥 pk，如果 $m = 0$，则密文 $E(m)$ 是一个包含二次剩余和非二次剩余的序列；如果 $m = 1$，则密文 $E(m)$ 是一个二次剩余序列。

解密算法：当解密一个密文时，我们需要检查该密文中所有元素是否为二次剩余。

高级 GM 加密方案满足与运算同态性。对于密文 $E(m_1)$ 和 $E(m_2)$，密文乘法是指对这两个密文中的每个元素按位执行乘法运算。可以证明,$E(m_1) \times E(m_2) = E(m_1 \wedge m_2)$。其中,$\wedge$ 表示按位与运算。

4.2　秘密共享算法

现实生活中,我们经常需要将某个重要信息在多个参与者之间进行分享,每个参与者获得秘密信息的一个份额。当需要恢复出秘密信息时,需要多个参与者拿出自己的秘密份额才能恢复出秘密。据报道,俄罗斯核武器的控制就使用了类似的机制,当总统、总理和国防部长中的任意两人输入控制密码时,核武器才能发射。本章一开始讲的小故事中,国王将藏宝图撕成五份并分发给五位王子,当五位王子都认为需要拿出藏宝阁中的宝贝拯救国民时,他们才能拿出自己手中的地图碎片从而恢复出完整的藏宝图。

在密码学中,人们使用秘密共享来解决上面的问题。秘密共享的概念是由阿迪·萨莫尔(Adi Shamir)和乔治·R. 布拉克里(George R. Blakley)于 1979 年提出的。事实上,秘密共享最早被提出是为了解决密钥管理问题。我们都知道,现代密码学体制是基于 Kerchhoff 假设提出的,即一个秘密系统的安全性与它所使用的密钥的安全性相关,与它所采用的加解密算法无关。对称加密系统的安全性取决于其所使用密钥的安全性;公钥加密系统的安全性取决于其所使用私钥的安全性。因此,为了保证秘密系统的安全性,密钥的管理极为重要。在传统的密钥管理方案中,为了防止密钥丢失,往往将密钥在多处进行备份。但是,随着密钥备份数量的增加,密钥被泄露的概率也不断增加。使用秘密共享算法,可以很好地解决密钥管理问题。

下面,我们首先介绍秘密共享中的基本概念。

【定义 4 - 3】(秘密共享)

秘密发布者 D 根据访问结构 Γ 将秘密在参与者 P 中分享,每个参与者得到的秘密份额被称为子秘密。访问结构 Γ 定义了参与者的授权子集,由任意授权子集中的参与者贡献出他们所持有的子秘密就可以恢复出被共享的秘密,但是非授权子集中的参与者不能获得关于秘密的任何有用信息。

【定义 4 - 4】(($t-n$)门限秘密共享算法)

($t-n$)门限秘密共享算法满足:秘密分发阶段,秘密发布者 D 将秘密 $s \in GF(q)$ 在 n 个参与者 $\{p_1, p_2, \cdots, p_n\}$ 之间共享;秘密恢复阶段,至少需要 t 个参与者贡献出他们的子秘密才能恢复出秘密,即少于 t 个参与者无法恢复出秘密。

可以看出,一个完整的秘密共享算法中有秘密发布者和参与者两种角色,完整的算法包含子秘密生成算法、秘密分发算法和秘密恢复算法三部分。对应地,整个秘密共享过程包含子秘密生成阶段、秘密分发阶段和秘密恢复阶段三个阶段。

4.2.1　研究进展

由于秘密共享具有非常重要的应用价值,因此秘密共享的概念被提出后,国内外众多学者致力于研究秘密共享算法。我们将在第 6 章中介绍如何使用 XOR - 秘密共享方案实现保护隐私的集合交集协议。

秘密共享技术发展至今,已经发展出无数研究分支,这些研究分支都对应着不同的实际应用,具有非常重要的应用价值。下面接着讲本章开始介绍的故事,通过这些故事来介绍秘密共享技术的应用场景。

在遥远的古代,A 国的国王将其拥有的宝藏都藏在深山里的藏宝阁中,并将整个国家的管理工作分配给自己的五个儿子。为了防止其中任何一个王子私吞宝藏,他将显示宝藏地点的藏宝图撕成了五份,并分别交给了自己的五个儿子。国王交代五个儿子,只有国家遇到灾荒时他们才可以拿出手里的地图碎片拼出完整的藏宝图。

故事1:回到遥远的古代,这一年 A 国发生了非常严重的地质灾害。于是,王国的大儿子召集他的四个弟弟,想将宝藏拿出拯救灾民。四位王子弟弟都表示同意大王子的建议。然而,在各位王子拿出地图碎片时,二王子给出了一个他仿造的假地图碎片。这样,除了二王子,其他王子都不能知道藏宝阁的真实位置。

故事2:故事1中二王子的侥幸行为被国王发现了。作为惩罚,国王收回了二王子的所有权利,并打算重新制作地图碎片,然后分发给剩下的四个王子。

故事3:国王找人秘密建立了另一座藏宝阁。这次,国王仍然通过分发地图碎片的方式将秘密告诉了自己的四个儿子。这样,每个王子手里有两张地图碎片,分别对应着两座藏宝阁。

上面三个小故事实际上对应着秘密共享的三个研究分支——可验证秘密共享、动态秘密共享和多秘密共享。1985 年,本尼·肖(Benny Chor)等人提出了可验证秘密共享并给出了相应方案。多秘密共享方案仅包含一次秘密分发过程,即每个参与者只需要保存一个秘密份额就可以实现多个秘密的分享,这样有效提高了秘密分享的效率并降低了秘密份额的存储空间。此后,大量多秘密共享方案被提出。可验证多秘密共享方案也是当前的研究热点之一。哈迪安·德科迪(Hadian Dehkordi)等人基于齐次线性递归提出两个门限可验证多秘密共享方案。动态秘密共享方案是为了解决秘密共享过程中存在的一些变量问题而被提出的。例如,参与者在秘密共享过程中可以动态加入或者退出;门限秘密共享方案的门限值可能是可变的。

随着计算机计算能力的不断提高,基于计算复杂度的传统密码算法的安全性越来越受到考验,而量子密码学恰恰能解决这个问题。量子秘密共享是密码学与量子力学结合的产物,它是经典的秘密共享在量子领域内的引申和发展,该技术为信息的安全传输提供了一种崭新的途径和思路,目前已经成为量子通信技术中的一个很重要的分支,有着重要的理论研究价值和应用前景。量子秘密共享的概念最早是由马克·希勒里(Mark Hillery)、布拉基米尔·布泽克(Vladimir Buzek)和安德烈·贝司奥姆(Andre Berthiaume)在1999年基于三粒子纠缠态提出来的。量子秘密共享中最为经典的三个方案分别是基于三粒子纠缠态的 HBB 方案,基于非纠缠态的 GG 方案以及基于量子态的方案。

4.2.2　经典协议

【协议 4 - 6】Shamir $(t-n)$ 门限秘密共享方案

Shamir $(t-n)$ 门限秘密共享方案是基于 Langrange 插值定理设计的。

子秘密生成阶段:

步骤 1:秘密发布者 D 随机选取 n 个不同的非零元素 $a_1, a_2, \cdots, a_n \in GF(q)$ (q 为素数且 $q > n$),并构造 $t-1$ 次多项式 $f(x) = a_{t-1}x^{t-1} + a_{t-2}x^{t-2} + \cdots + a_1x^1 + s$ 。其中,s 是需要共享的秘密信息。

步骤 2:D 随机地从有限域 $GF(q)$ (q 为素数且 $q > n$)中选取 n 个不同的非零元素 $x_1, x_2, \cdots, x_n$,并计算 $y_i = f(x_i)$ 。

秘密分发阶段:

D 通过安全信道将 (x_i, y_i) 分别发送给参与者 $P_i(i = 1, 2, \cdots, n)$ 。

秘密恢复阶段：

t 个参与者(不妨设 $P_1,P_2,\cdots,P_t$)利用下面公式可恢复出秘密 s

$$f(x) = \sum_{i=1}^{t} y_i \prod_{j=1,j\neq i}^{t} \frac{x-x_i}{x_i-x_j}$$

$$s = \sum_{i=1}^{t} y_i \prod_{j=1,j\neq i}^{t} \frac{x_j}{x_j-x_i}$$

【协议 4 −7】Asmuth − Bloom 秘密共享方案

1983 年,查尔斯·阿斯穆特(C. Asmuth)和约翰·鲁姆(J. Bloom)基于中国剩余定理提出了一个经典的 (t,n) 门限秘密共享方案。

子秘密构造阶段：

步骤 1:构造 Asmuth − Bloom 序列。

构造 Asmuth − Bloom 序列 $\{m_1,m_2,\cdots m_n,p\}$,满足如下条件

$$m_1 < m_2 < m_n < p$$

$$\gcd(m_i,m_j) = 1, i \neq j$$

$$m_1 \times m_2 \times m_t > p \times m_{n-t+2} \times m_{n-t+3} \times \cdots \times m_n$$

步骤 2:构造子秘密：

对于秘密 $m(m < p)$,秘密发布者随机选择 r,计算 $M = m + rp$,然后计算子秘密 $a_i \equiv M(\bmod m_i)$ 。

秘密分发阶段：

秘密发布者将 (a_i,m_i) 通过安全信道发送给参与者 P_i,并广播 p 的值。

秘密恢复阶段：

步骤 1:t 个参与者(不妨设 $P_1,P_2,\cdots,P_t$)计算下面方程组的解 M

$$\begin{cases} M \equiv a_1 \pmod{m_1} \\ M \equiv a_2 \pmod{m_2} \\ \qquad \vdots \\ M \equiv a_t \pmod{m_t} \end{cases}$$

步骤 2: t 个参与者分别利用 $m \equiv M \pmod{p}$ 且 $m < p$ 求得秘密 m。

【协议 4 - 8】XOR - 秘密共享方案

XOR - 秘密共享方案是一种 (n, n) 门限秘密共享方案。

协议参与者: 秘密发布者 D, n 个参与者 $P_1, P_2, \cdots, P_n$。

协议输入: 秘密发布者 D 输入秘密 s。

子秘密构造阶段:

步骤 1: D 随机生成 $n-1$ 个长度为 $|s|$ 的随机数 $r_1, r_2, \cdots, r_{n-1}$。

步骤 2: D 计算第 n 个子秘密 $r_n = r_1 \oplus r_2 \oplus \cdots \oplus r_{n-1} \oplus s$。$\{r_1, r_2, \cdots, r_n\}$ 构成秘密 s 的子秘密。

秘密分发阶段:

对于 $i = 1, 2, \cdots, n$, D 将子秘密 r_i 发送给 P_i。

秘密恢复阶段:

当需要恢复秘密 s 时, n 个参与者 $P_1, P_2, \cdots, P_n$ 贡献自己持有的子秘密并执行如下运算

$$s = r_1 \oplus r_2 \oplus \cdots \oplus r_n$$

4.3　不经意传输

一天, Alice 和 Bob 在网络上打扑克游戏。玩了一段时间之后, 双方都逐渐失去了继续玩的兴趣。于是, 两人商量改变游戏规则。

Alice：为了增加趣味性，如果我在这一轮游戏中赢了，那么下一轮游戏开始后我要看一眼你的牌。

Bob：可以，但是你最多只能看一张牌。

Alice：好吧。

Bob：你告诉我你看第几张牌，我把这张牌的内容告诉你。

Alice：这可不行，我不想让你知道我看了哪张牌。

Bob：那怎么办呢？

Alice：我最近看的一篇论文中介绍了"不经意传输"，似乎可以解决这个问题。

不经意传输是一种经常被使用的密码学协议。很多学者基于数论中的困难性假设，使用公钥密码学算法构造不经意传输协议。提高协议效率的协议设计思路有两种：一是基于不同的数学理论构造更加高效的不经意传输协议。例如，离散对数困难性假设、二次剩余困难性假设等都已经成为设计不经意传输协议时经常使用的数学难题。第二种设计思路被称为不经意传输扩展技术（OT Extension），该设计思路和基于混合加密的数字信封技术十分相似。相比于对称密码学操作，基于数论中各种困难性假设的公钥密码学操作更加昂贵，即算法的复杂度更高。因此，减少公钥密码学操作，通过使用高效的对称密码学操作取代部分公钥密码学操作来实现不经意传输协议似乎是一个不错的选择。基于这种设计思路，不经意传输扩展技术首先使用公钥密码学操作产生少量种子 OT，然后利用对称密码学操作（如 PRG、哈希运算等）将这些种子 OT 协议扩展为任意数量的 OT 协议。例如，不经意传输扩展协议将 OT_1^m 规约到使用少量基于公钥密码学操作的 OT_λ^λ 和若干对称密码学操作，其中 $\lambda \ll m$。虽然这种方法没有完全抛弃公钥密码学操作，但是已经将公钥密码学操作的数量降低到很少。通常情况下，参数 λ 可以取值为 $80,128$ 或者更多。

【定义 4－5】1－out－of－2 不经意传输协议 $\binom{2}{1}OT$

发送者输入两个长度为 l 比特的字符串 (x_0, x_1)，接收者输入一个选择比特 r。发送者和接收者共同执行不经意传输协议 $\binom{2}{1}OT$。计算结束后，接收者得到 x_r，但无法得知 x_{1-r}；发送者无法得知接收者的选择 r。

【定义 4－6】1－out－of－N 不经意传输协议 $\binom{N}{1}OT$

发送者输入 N 个长度为 l 比特的字符串 $(x_1, x_2, \cdots, x_N)$。接收者输入一个选择信息 r。发送者和接收者共同执行不经意传输协议 $\binom{N}{1}OT$。计算结束后，接收者得到 x_r，但无法得知发送者输入集合中的其它信息；发送者无法得知接收者的选择 r。

【定义 4－7】1－out－of－2 不经意传输协议的 m 次调用协议 $\binom{2}{1}OT_l^m$

发送者输入 m 对长度为 l 比特的字符串 $(x_{j,0}, x_{j,1})$，其中 $1 \leqslant j \leqslant m$。接收者输入 m 个选择比特 $r = (r_1, \cdots, r_m)$。发送者和接收者共同执行不经意传输协议 $\binom{2}{1}OT_l^m$。计算结束后，接收者得到 $(x_{1,r_1}, x_{2,r_2}, \cdots, x_{m,r_m})$，但无法得知发送者输入集合中的其他信息；发送者无法得知接收者的选择 r。

不经意传输的概念由迈克尔·拉宾（Michael Rabin）提出，西蒙·埃文（Shimon Even）等人首次提出了 1－out－of－2 不经意传输的概念。由于不经意传输协议在安全多方计算等领域有着重要应用,各种不同版本的不经意传输协议成果很多。莫尼·内奥尔(Moni Naor)和本尼·平卡斯(Benny Pinkas)最早研究了抵抗自适应腐化者的不经意传输协议。崔胜哲(Seung Geol Choi)等人在 CRS 模型下提出了一种抵抗自适应腐化者的 1 - out - of - 2 不经意传输协议。斯坦尼斯瓦·贾里奇(S. Jarecki)和刘歆(X. Liu)等研究了 UC 安全的茫然那传输协议,不过这些协议多数基于随机预言模型或者基于一些非经典密码学困难性假设。例如,基于 q - Hidden LRSW 或者 q - SDH 假设。并发环境下不依赖于随机预言模型的 OT 协议也取得了一些进展,不过这些协议对于实际应用来说效率仍然太低。在 OT 扩展协议方面,不论是抵抗被动攻击者还是抵抗主动攻击者的 OT 扩展协议都取得了较大进展。

4.3.1 经典协议

本节介绍两个经典不经意传输协议。其中,NP 不经意传输协议使用上文中介绍的第一种协议设计思路;IKN 不经意传输扩展协议使用上文介绍的第二种不经意传输协议的设计思路。

【协议 4 - 9】NP 不经意传输协议

内奥尔(Moni Naor)和平卡斯(Benny Pinkas)通过三次公钥密码学操作实现了半诚实模型下的 1 - out - of - 2 不经意传输协议。

输入信息:发送者输入两个长度为 l 比特的字符串 (x_0, x_1),接收者输入一个选择比特 r。

系统参数:设 q, p 均为素数,且满足 $q \mid p - 1$。Z_q 为 q 阶群,G_q 是 Z_p^* 的 q 阶子群。给定 Z_p^* 的生成元 g,满足 Diffie - Hellman 困难性假设。H 代表随机预言函数。

步骤 1:发送者生成并公布随机数 $C \in Z_q$ 。然后,发送者生成随机数 a,并计算 g^a 和 C^a 。

步骤 2:接收者选择随机数 $1 \leqslant k \leqslant q$,并生成公钥 $pk_r = g^k$, $pk_{1-r} = C/g^k$ 。接收者将 pk_0 发送给发送者。

步骤 3:发送者计算 $(pk_0)^a$, $(pk_1)^a = C^a / (pk_0)^a$ 。发送者执行加密计算

$$E_0 = (g^a, H((pk_0)^a, 0) \oplus x_0)$$
$$E_1 = (g^a, H((pk_1)^a, 1) \oplus x_1)$$

并将加密结果 (E_0, E_1) 发送给接收者。

步骤 4:接收者计算 $H(pk_r^a) = H((g^a)^k)$,然后计算 x_r

$$x_r = E_{r,2} \oplus H(pk_r^a, r)$$

公式中 $E_{r,2}$ 表示 E_r 的第二个元素。

【协议 4 – 10】IKN 不经意传输扩展协议

伊夏(Y. Ishai)等人提出的不经意传输扩展协议可以将一个 OT_l^m 协议首先转换为调用一次 OT_m^λ 协议,然后又将 OT_m^λ 协议转换为调用 λ 次 OT_λ^l 协议。其中, λ 表示系统的安全参数。下面介绍该协议,我们使用粗体表示向量,使用 m_j 表示矩阵 M 的第 j 行, m^i 表示矩阵 M 的第 i 列, S 代表发送者, R 代表接收者。

子协议 1:将 OT_l^m 转换为 OT_m^λ 。

输入信息: S 的输入信息是 m 对长度为 l 比特的字符串 $(x_{j,0}, x_{j,1})$,其中 $1 \leqslant j \leqslant m$ 。 R 的输入是 m 个选择比特 $r = (r_1, \cdots, r_m)$ 。

系统参数:安全参数 λ 。

随机预言函数: $H:[m] \times \{0,1\}^k \to \{0,1\}^l$ 。

步骤 1: S 生成随机向量 $s \in \{0,1\}^\lambda$, R 生成一个 $m \times \lambda$ 的随机矩阵 T 。

步骤 2:参与者调用 OT_m^λ 协议。在这个协议中,S 扮演输入为 s 的接收者,R 扮演输入为 $(t^i, r \oplus t^i)$ 的发送者。其中,$1 \leq i \leq \lambda$。

步骤 3:令 Q 代表 S 在步骤 2 中接收到的 $m \times \lambda$ 的矩阵,即 $q^i = (s_i \cdot r) \oplus t^i$,$q_j = (r_j \cdot s) \oplus t_j$。对于 $1 \leq j \leq m$,S 向 R 发送 $y_{j,0}, y_{j,1}$。其中,$y_{j,0} = x_{j,0} \oplus H(j, q_j)$,$y_{j,1} = x_{j,1} \oplus H(j, q_j \oplus s)$。

步骤 4:对于 $1 \leq j \leq m$,R 输出 $z_j = y_{i,r_i} \oplus H(j, t_j)$。

子协议 2:将 OT_m^λ 转换为 OT_λ^λ。

输入信息:S 的输入信息是 λ 对长度为 m 比特的字符串 $(x_{i,0}, x_{i,1})$,其中 $1 \leq i \leq \lambda$。R 的输入是 λ 个选择比特 $r = (r_1, \cdots, r_\lambda)$。

系统参数:安全参数 λ。

随机预言函数:一个伪随机数生成器 $G: \{0,1\}^\lambda \rightarrow \{0,1\}^m$。

步骤 1:S 随机生成 λ 对 k 比特的字符串 $(s_{i,0}, s_{i,1})$。

步骤 2:参与者调用 OT_λ^λ 协议。在这个协议中,S 扮演输入为 $(s_{i,0}, s_{i,1})$ 的发送者,R 扮演输入为 r 的接收者。其中,$1 \leq i \leq \lambda$。

步骤 3:对于 $1 \leq i \leq \lambda$,S 向 R 发送 $y_{j,0}, y_{j,1}$。其中,$y_{i,b} = x_{i,b} \oplus G(s_{i,b})$。

步骤 4:对于 $1 \leq i \leq \lambda$,R 输出 $z_i = y_{i,r_i} \oplus G(s_{i,r_i})$。

上述协议调用的 OT_λ^λ 协议可以通过调用 λ 次 OT_λ^1 协议实现。

子协议 3:将 OT_l^m 转换为 OT_λ^λ。

输入信息:S 的输入信息是 m 对长度为 l 比特的字符串 $(x_{j,0}, x_{j,1})$,其中 $1 \leq j \leq m$。R 的输入是 m 个选择比特 $r = (r_1, \cdots, r_m)$。

系统参数:安全参数 λ。

随机预言函数:$H: [m] \times \{0,1\}^\lambda \rightarrow \{0,1\}^l$,伪随机数生成器 $G: \{0,1\}^\lambda \rightarrow \{0,1\}^m$。

步骤 1: R 生成随机字符串对 $(k_{j,0}, k_{j,1}) \in \{0,1\}^{2\lambda}$，$1 \leq j \leq \lambda$。$S$ 生成随机向量 $s \in \{0,1\}^{\lambda}$。S 和 R 执行 OT_{λ}^{λ}，其中 S 扮演接收者，R 扮演发送者。协议结束后，S 获得 k_{j,s_j}，$1 \leq j \leq \lambda$。

步骤 2: R 生成一个 $m \times \lambda$ 的随机比特矩阵 T，计算 $v_{j,0} = t^j \oplus G(k_{j,0})$，$v_{j,1} = t^j \oplus G(k_{j,1}) \oplus r$，并将 $v_{j,0}, v_{j,1}$ 发送给 S，$1 \leq j \leq \lambda$。

步骤 3: S 生成 $m \times \lambda$ 的矩阵 Q，其中 $q^j = v_{j,s_j} \oplus G(k_{j,s_j})$，$1 \leq j \leq \lambda$。$S$ 计算 $y_{i,0} = x_{i,0} \oplus H(q_i)$，$y_{i,1} = x_{i,1} \oplus H(q_i \oplus s)$，并将 $(y_{i,0}, y_{i,1})$ 发送给 R，$1 \leq i \leq m$。

步骤 4: 对于 $1 \leq j \leq m$，R 输出 $z_j = y_{i,r_j} \oplus H(t_j)$。

子协议 3 中，R 共调用 m 次 H，2λ 次 G，发送数据 $2m\lambda$ 比特；S 共调用 $2m$ 次 H，λ 次 G，发送数据 $2ml$ 比特。当然该协议中还调用了一次 OT_{λ}^{λ} 协议，但是当 $\lambda \ll m$ 时，OT_{λ}^{λ} 的消耗可以忽略不计。

很多文献包括耶胡达·林德尔(Y. Lindell)、M. 佐纳(M. Zohner)等人的文章中使用了一种被称为随机 OT 协议的特殊不经意传输协议，这种 OT 协议中 $(x_{i,0}, x_{i,1})$ 是在协议过程中由 S 随机产生的。不同于上述协议的输出，随机 OT 协议中 S 的输出为 $x_{i,0} = H(q_i)$，$x_{i,1} = H(q_i \oplus c)$，$R$ 的输出为 $x_{i,b[i]} = H(t_i)$。

4.4 零知识证明

在现实生活中，Alice 通常通过直接将秘密 S 告诉 Bob 的方法来证明自己知道秘密 S 的内容，但是这样一来 Bob 也就知道了秘密 S 的内容。零知识证明(Zero Knowledge Proof, ZKP)可以实现在不将秘密内容告诉 Bob 的前提下，Alice 向 Bob 证明自己知道秘密的内容。

1985 年,沙菲·戈德瓦塞尔(Shafi Goldwasser)、希尔维奥·米卡利(Silvio Micali)和查尔斯·拉科夫(Charles Rackoff)首次给出了交互式零知识证明的概念和模型。零知识证明是指证明者在不让验证者掌握秘密信息的前提下,使得验证者确信证明者掌握了这些信息。1988 年,曼纽尔·布鲁姆(Manuel Blum)、保罗·费尔德曼(Daul Feldman)和希尔维奥·米卡利(Silvio Micali)提出了非交互式零知识证明的概念,通过使用短随机串或单向函数来代替交互过程从而实现零知识证明。

零知识证明具有完备性、可靠性和零知识性三个重要性质。完备性是指对于任何待验证的知识,证明方可以在多项式时间内以 1 的概率让验证者相信自己掌握了知识。可靠性是指对于任意无效知识,证明方无法在多项式时间内以不可忽略的概率让验证者相信自己掌握了知识。零知识性是指验证者只能获知证明方是否掌握了知识,但无法获知其他任何有用信息。

基于离散对数难题的 Schnorr 身份鉴别协议是一个经典的交互式零知识证明协议。

【协议 4 – 11】Schnorr 零知识证明协议

令 $G = \langle g \rangle$ 是 n 阶群,其中 n 为大素数。证明者拥有秘密知识 $x \in_R Z_n$,并公开系统公钥 $y = g^x$。

步骤 1:证明者选择随机数 $u \in_R Z_n$,计算 $a = g^u$ 并发送给验证者。

步骤 2:验证者随机抽取 $c \in_R \{0,1\}$ 并发送给证明者。

步骤 3:如果 $c = 0$,证明者计算 $s = u$;如果 $c = 1$,证明者计算 $s = u + x$。计算结束后,证明者将 s 发送给验证者。

步骤 4:如果 $c = 0$,验证者验证 $g^s = a$;如果 $c = 1$,证明者计算 $g^s = ay$。

4.5　比特承诺

零知识证明中,Alice 在不让 Bob 知道秘密信息的前提下证明自己掌握了秘密信息;在现实生活中,存在这样一种情况,Alice 首先向 Bob 承诺自己掌握了秘密信息并将秘密信息以保密的形式告诉 Bob,但是需要在条件成熟之后再让 Bob 验证 Alice 确实将正确的秘密信息告诉了他,此时 Bob 也知道了秘密信息的内容。上述情况可以通过比特承诺(Bit Commitment, BC)来实现。

1995 年,图灵奖获得者曼纽尔·布卢姆首先提出了比特承诺的概念。经典比特承诺协议包含两个阶段,第一个阶段是承诺阶段,此时承诺者向验证者承诺比特 b(也可以是比特串),但此时验证者不知道比特 b 的内容;第二个阶段是揭示阶段,承诺者向验证者证实第一阶段承诺的确实是比特 b,此时验证者获知比特 b 的内容。

我们知道,单向函数具有两个重要性质,一个是不可能找到两个不同的消息生成相同的单向函数值,另一个是单向函数一个比特的变化就会导致单向函数值约一半的比特发生变化。下面的方案就是基于单向函数的这两个性质构造的。

【协议 4 – 12】基于单向函数的承诺方案

承诺阶段:

步骤 1:Alice 产生两个随机数 r_1 和 r_2。

步骤 2:Alice 将随机数 r_1, r_2 与自己要承诺的消息 m 连接起来 $(r_1 \parallel r_2 \parallel m)$。

步骤 3:Alice 计算 $(r_1 \parallel r_2 \parallel m)$ 的单向函数值 c,并将结果与 r_1 发送给 Bob,作为她对 m 的承诺。

$$c = Hash(r_1 \parallel r_2 \parallel m)$$

揭示阶段:

步骤1:Alice将$(r_1 \parallel r_2 \parallel m)$告诉Bob。

步骤2:Bob计算$(r_1 \parallel r_2 \parallel m)$单向函数值,并将该值与原先收到的值和随机数进行比较,如果匹配,则承诺有效。

比特承诺是密码学中的重要基础协议,可用以构建零知识证明协议、秘密共享协议以及安全多方计算协议等,近几年来也取得了许多研究进展,如戈德赖希(S. Goldreich)、米夫利(S. Micali)等人的研究。

4.6　盲签名

密码学中数字签名协议的一个基本特征是文件的签署者知道他们在签署什么。但有的时候,我们可能不希望签名者知道他们所签署的详细内容。例如,现实生活中消费者在结算时如果选择现金支付,由于钞票上不会印有消费者的名称,因此商家往往无法追踪某位消费者的消费行为。但是,如果消费者选择借助于第三方的在线支付方式,如通过支付宝、微信红包或者网银等完成支付结算,第三方(这里指阿里巴巴、腾讯和银行)通过追踪自己发出的签名信息,就可以追踪用户的消费行为。因此,这类第三方支付系统必须保护用户的隐私,即所谓的匿名性。实现第三方支付系统匿名性的关键技术是盲签名。

盲签名是一种特殊性质的签名,持有某个消息m的用户能在不向签名者泄漏m的情况下,获得签名者对m的数字签名s,且即使公开(m,s)的内容,签名者也无法追踪消息与自己执行签名过程的任何关系。

大卫·卓姆(David Chaum)提出了盲签名的概念并给出了第一个实现

方案,该方案使用 RSA 公开密钥算法。

【协议 4 – 13】基于 RSA 的盲签名方案

系统参数:p , q 为大素数(保密), $n = pq$, $\varphi(n) = (p-1)(q-1)$,签名者随机选择整数 e 满足 $gcd(e,\varphi(n)) = 1$ 作为公钥;使用 Euclid 扩展算法计算 d 满足 $d = e^{-1}\mathrm{mod}\varphi(n)$ 作为私钥。

(1)盲化:用户选择随机数 k ,计算 $m' = k^e m \mathrm{mod} n$,将 m' 发送至签名人。

(2)生成签名:签名人使用自己的私钥 d 对消息 m 签名得到 $s' = m'^d \mathrm{mod} n$,并将 s' 发送至用户。

(3)去盲:用户计算 $s' = k^{-1}s'\mathrm{mod} n$,输出签名消息对 (s,m) 。

(4)验证签名:如果 $m = s^e \mathrm{mod} p$,则证明签名正确。

4.7 安全多方计算

4.7.1 安全多方计算的概念

不论是使用对称加密算法还是公钥加密算法,通信双方中至少有一方的信息是可以被对方获知的。但是,现实生活中存在这样一种情况:通信双方希望共同完成一种运算,但是又不希望对方获知自己的输入信息。可以看出,直接使用对称加密算法或公钥加密算法都无法解决这个问题,但这个问题确实属于密码学中需要解决的问题之一。为了解决这个问题,安全多方计算应运而生。

安全多方计算最早由图灵奖获得者姚期智提出。1982 年,姚期智提出了著名的"百万富翁问题",该问题实际上是安全多方计算的一个特殊应用。下面介绍著名的百万富翁小故事。

Alice 拥有市值为 x 的公司,Bob 拥有市值为 y 的公司。Alice 和 Bob 都称自己是百万富翁。一天,Alice 和 Bob 共同参加一个慈善捐款活动,两个人在聊天时都逐渐自我膨胀起来,Alice 说自己肯定比 Bob 有钱,但 Bob 很快否定了 Alice,他认为自己比 Alice 更有钱。出于对自己隐私信息的保护,Alice 和 Bob 都不愿意透漏自己究竟有多少财产。问题出现了,Alice 和 Bob 此时如何知道究竟谁更富有呢?

百万富翁问题实际上是指如何在保护参与者输入信息的前提下比较参与者输入信息的大小。如果将这种比较运算扩展为任意函数,就是安全多方计算。1987 年,戈德赖希(Oded Goldreich)等人提出了可以计算任意函数的基于密码学安全模型的安全多方计算协议,从理论上证明了可以使用通用混淆电路估值技术来实现所有安全多方计算协议。1998 年,戈德赖希对安全多方计算做了比较完整的总结,并提出了安全多方计算的安全性定义。国际著名密码学家戈德瓦塞尔(Shafi Goldwasser)曾经说过:"安全多方计算今天所处的地位正是公钥密码学算法十多年前所处的地位。它是密码学研究中一个极端重要的工具,它在计算科学中的应用才刚刚开始,丰富的理论将使它成为计算科学中一个必不可少的组成部分。"由此可见,对安全多方计算进行研究是十分必要的。

虽然安全多方计算从提出到现在已有 30 多年,但目前在学术界没有一个对安全多方计算的完备定义。下面给出一个公认的安全多方计算的定义。安全多方计算(Secure Multi – party Computation, SMC)是指在分布式环境下,多个参与者共同计算某个函数,该函数的输入信息分别由这些参与者提供,且每个参与者的输入信息是保密的;计算结束后,各参与者获得正确的计算结果,但无法获知其他参与者的输入信息。

针对不同的应用场景,参与者所获得的计算结果可能是相同的,也可能是不同的。例如,某公司 A 和公司 B 共同参与一个项目竞标活动,公司 A 的竞标价格为 x ,公司 B 的竞标价格为 y 。为了得到竞标权,公司 A 通过一些社会学手段拉拢了公司 B 的内部员工 Bob,公司 A 希望 Bob 泄露 y 。但是 Bob 出于对自身的保护,不同意直接将 y 值告诉公司 A,只答应协助公司 A 了解 x 和 y 的大小关系,同时 Bob 对 x 究竟是否大于 y 并没有强烈的好奇心。公司 A 出于保护自己竞标价格的考虑,不希望直接将竞标价格 x 告诉 Bob。也就是说,在这个问题中,A 公司输入秘密信息 x ,Bob 输入秘密信息 y 。计算结束后,A 公司得知 x 和 y 的大小关系,但是无法得知 y 的具体数值;Bob 无法得知关于 x 以及 x 和 y 的大小关系的任何信息。

安全多方计算可以看成是密码学和不同应用场景下的计算问题相结合的产物。事实上,保护隐私的集合运算是安全多方计算的一个重要组成部分,是安全多方计算使用密码学技术解决分布式环境下多个参与者之间安全地计算集合的交、并或其他运算问题。按照应用场景的不同,我们可以将安全多方计算进行分类,如图 4-1 所示。

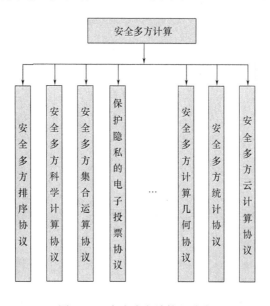

图 4-1 安全多方计算的分类

4.7.2 经典协议

本节介绍两个经典的安全多方计算协议,伊恩·F. 布莱克(Ian F. Blake)等人提出的 BK 百万富翁协议和藤冈(Atsushi Fujioka)等人提出的 FOO 安全电子投票协议。

【协议 4 - 14】BK 百万富翁协议

BK 百万富翁协议利用 Paillier 同态加密方案的加法同态性,解决了百万富翁问题,协议过程如表 4 - 1 所示。

表 4 - 1　BK 百万富翁协议

参与者: P_1 和 P_2

输入数据: P_1 输入 $x = x_n \| x_{n-1} \| \cdots \| x_1$, P_2 输入 $y = y_n \| y_{n-1} \| \cdots \| y_1$

输出数据: P_1 和 P_2 都输出 $f(x, y)$,并且 $f(x, y)$ 满足如下公式

$$f(x, y) = \begin{cases} +1, & x > y \\ -1, & x < y \end{cases}$$

步骤 1: P_1 调用 Paillier 同态加密方案的密钥生成算法,产生系统公私钥对 (pk, sk)。P_1 将系统公钥 pk 发送给 P_2

步骤 2:对于 P_1 输入数据中的每一位 x_i , P_1 执行 Paillier 加密操作得到 $E(x_i)$,其中 $i = 1, 2, \cdots, n$。P_1 将密文 $\{E(x_1), E(x_2), \cdots, E(x_n)\}$ 发送给 P_2

步骤 3:对于 $i = 1, 2, \cdots, n$, P_2 分别执行如下操作

a) $E(d_i) = E(x_i - y_i)$

b) $E(f_i) = E(x_i - 2x_i y_i + y_i)$

c) $E(\gamma_i) = E(2\gamma_{i-1} + f_i)$,其中 $\gamma_0 = 0$

d) $E(\delta_i) = E(d_i + r_i(\gamma_i - 1))$,其中 $r_i \in_R Z_N$

对于 $\{E(\delta_1), E(\delta_2), \cdots, E(\delta_n)\}$ 执行随机置换得到 $\{E'(\delta_1), E'(\delta_2), \cdots, E'(\delta_n)\}$,并将置换结果发送给 P_1

步骤 4: P_1 对 $\{E'(\delta_1), E'(\delta_2), \cdots, E'(\delta_n)\}$ 执行解密操作,如果存在解密值 $v \in \{+1, -1\}$,则 $f(x, y) = v$。P_1 将 $f(x, y)$ 的值发送给 P_2

【协议 4 – 15】FOO 保护隐私的电子投票协议

FOO 方案中的实体包括 n 个投票者 P_i 和投票机构。投票者 P_i 的私有信息包括比特承诺中的随机数 k_i 和基于 RSA 的盲签名协议中的盲因子 r_i，P_i 公开其身份标识 ID_i。投票机构负责授权与计票，其私有信息为私钥 d_a，公开信息为公钥 (e_a, n_a)。我们使用 S_i 表示参与者 P_i 的数字签名，S_a 表示投票机构的数字签名。

FOO 方案包括注册、授权、投票、计票四个阶段：

（1）注册阶段。投票者 P_i 对候选者投票，生成正确的选票信息 v_i。P_i 选择随机数 k_i 作为解密比特承诺的密钥，并用比特承诺方案 f 加密 v_i，得到

$$x_i = f(v_i, k_i)$$

投票者 P_i 再选择随机数 r_i 作为盲因子，使用投票机构的公钥 (e_a, n_a) 并利用基于 RSA 的盲签名算法盲化 x_i，得到

$$e_i = r_i^{e_i} H(x_i) \bmod n_a$$

然后，投票者 P_i 对 e_i 签名，得到

$$S_i = Sign(e_i)$$

最后，P_i 将 (ID_i, e_i, S_i) 发送给投票机构。

（2）授权阶段。投票机构收到投票者 P_i 发送的注册信息后，首先验证 ID_i 是否合法。如果 ID_i 非法，则投票机构拒绝给 P_i 签发证书；如果 ID_i 合法，则投票机构检查 P_i 是否已完成投票，如果 P_i 已经完成投票，则投票机构同样拒绝签发该证书；否则，投票机构验证 S_i 是否为 P_i 的合法签名，如果签名合法，投票机构利用自己的私钥对 e_i 签名

$$S_{ai} = e_i^{d_a} \bmod n_a$$

并将其作为投票机构签发给 P_i 的证书发送给 P_i，P_i 收到该证书后，公布 (ID_i, e_i, S_{ai})。

（3）投票阶段。投票者 P_i 得到投票机构签发的证书后，通过对 S_{ai} 脱盲恢复出投票机构对 x_i 的签名 y_i

$$y_i = S_{ai}/r_i \mathrm{mod} n_a$$

P_i 检查 y_i 是否是投票机构对 x_i 的合法签名。如果不是，P_i 证明 (x_i, y_i) 的不合法性并重新选择 v_i' 来获得证书；如果是，则 P_i 将 (x_i, y_i) 匿名发送至投票机构。

（4）计票阶段。投票机构验证 y_i 是否是 x_i 的合法签名，验证成功后，对 (x_i, y_i) 产生一个编号 w，并将 (w, x_i, y_i) 保存在合法选票列表中，在收到所有选票后，将该列表公布。

投票者 P_i 检查他的选票 (x_i, y_i) 是否在合法选票列表中，并从合法选票列表中找到自己的选票编号 w，然后将 (w, k_i, v_i) 匿名发送至投票机构。投票机构使用 (w, k_i, v_i) 打开 (x_i, y_i) 选票的比特承诺，恢复出选票 v_i 并检查其合法性。最后将统计结果公布在公告板上，如表 4 - 2 所示。

表 4 - 2　FOO 方案公告板

序号	选票信息	统计结果
1	x_1, y_1, k_1	v_1
⋮	⋮	⋮
w	x_i, y_i, k_i	v_i
⋮	⋮	⋮

下面对 FOO 保护隐私的电子投票方案的安全性进行分析。

（1）正确性。在协议中，投票人可以通过发送大量无效选票来干扰选票。但是由于使用了比特承诺技术，任何两张不同选票的比特承诺是不一样的，因此一票多投会造成多个比特承诺相同的结果，投票机构可以在计票阶段发现无效选票并采取一定措施。如果有投票者对选票进行篡改或替换,在计票阶段由于不能正确恢复出选票内容,也就无法对其进行统计,投票者可以根据合法选票列表中的信息发现自己的选票未被统计。因此任何非法的选票都不会被统计,投票机构能够保证选票的有效性,并正确计算出投票结果。

(2)合法性。所有投票者在投票之前需要经过投票机构的授权,因此任何非法参与者要进行投票需要伪造投票机构的数字签名。使用安全的数字签名方案同样可以保证投票者投票的合法性。

(3)唯一性。投票者如果要进行多次投票,需要拥有多个选票和投票的盲签名,同样需要伪造投票机构的数字签名。使用安全的数字签名方案同样可以保证投票者投票的唯一性。

(4)保密性。该协议的保密性体现在以下两方面:首先,投票者在向投票机构获得授权的过程中使用了盲签名技术,使得投票机构只能看到投票人 ID,而看不到选票的内容,即投票机构无法将选票与投票人对应起来以确定出某个投票人所投出的选票。其次,如果投票者的投票被更改或删除,投票者发现这一舞弊行为后,由于使用了承诺技术,投票者无需展示自己的选票内容。

(5)可验证性。协议执行中的相关信息都会在公告板上公布,投票者以及候选人都可以根据公告板信息验证投票结果的正确性。

(6)公正性。在投票阶段,投票人将经过比特承诺处理的加密选票发送给计票中心,计票中心在收集到所有选票后将选票公布。在计票阶段开始之前,除了投票者本人以外,任何人都无法获知选票的真实内容。因此在整个投票过程中,中间结果不会泄漏,投票者的投票意愿不受影响。

(7)健壮性。在投票过程中,设置了公告板跟踪机制,所有投票者的行为都会被记录,统计结果的任何错误都会被发现,因此恶意攻击者无法破坏协议,并且由于使用了数字签名,投票者对于自己投出的选票具有不可否认性。

FOO方案虽然是安全电子投票领域的经典方案,但现在看来,由于该方案本身的一些特点,无法将该方案直接应用于大型电子投票系统。例如,投票人需要在不同的时间段内和计票机构进行两次通信,其中一次是完成投票,另一次是发送密钥;另外,FOO方案主要实现了藤冈(Atsushi Fujioka)提出的电子投票的七点安全需求,并没有实现无收据性等安全电子投票方案的其他安全需求,并且该协议的安全性过度依赖于投票机构。如果投票机构腐败,则会破坏协议安全性,比如投票机构可以在投票者弃权的情况下伪造合法选票并进行投票,投票机构也可以在投票过程中泄漏中间结果,影响协议的公正性。

4.8　通用混淆电路估值技术

4.8.1　研究进展

混淆电路(garbled circuits)思想源于图灵奖获得者姚期智(A. C. Yao)。在发展初期,出现过加密电路(encrypted circuit)、杂乱电路(scrambled circuit)等多个称呼。混淆电路这个名称由唐纳德·毕福(Donald Beave)等人于1990年提出。后来,戈德赖希(Oded Goldreich)在其专著中对混淆电路进行了比较正式的描述。林德尔(Y. Lindell)和平卡斯(B. Pinkas)对YAO氏混淆电路的安全性进行了较为严格的证明。YAO氏混淆电路估值方案使用半诚实模型,戈依尔(V. Goyal)、莫哈塞尔(P. Mohassel)、史密斯(A. Smith)等人提出了实现了抵抗隐蔽敌手(covert player)的混淆电路估值方案,贾里奇(S. Jarecki)和刘歆(X. Liu)提出了抵抗恶意敌手(malicious player)的混淆电路方案。

通用混淆电路估值技术是实现安全多方计算协议时经常使用的一类方法,使用布尔电路(boolean circuit)表述待计算函数,然后使用通用混淆电路估值技术就可以实现安全计算。2007 年,约纳坦·奥曼(Yonatan Aumann)等人提出了隐蔽敌手(covert adversaries)概念,他们设计的方案在YAO 氏混淆电路的基础上使用分割选择机制(cut - and - choose),并结合不经意传输协议实现了抵抗隐蔽敌手攻击的安全两方协议。帕特尔·戈依尔(Vipul Goyal)等人通过使用 Hash 函数压缩承诺电路实现了效率更高的抗隐蔽敌手安全两方协议。众多方案在电路级别使用分割选择机制,分割选择机制已经成为将安全多方计算协议从半诚实模型转换到恶意模型的一种黄金工具。2009 年的 TCC(Theory of Cryptography Conference)大会上,耶斯佩尔·B. 尼尔森(Jesper B. Nielsen)等人提出将分割选择机制应用于门级,这样可以在提高效率的同时抵抗恶意攻击者,该方法被称为 LEGO(Large Efficient Gabled - circuit Optimization)构建法。但是 LEGO 构建法有两个缺点:①由于算法基于一个特殊的数论定理,门输入和输出要求属于 Z_p(p 为大素数);而现有的多数 YAO 氏混淆电路的优化方案中,电路和门的输入、输出使用二进制字符串,即 $\{0,1\}^t$。因此 LEGO 构建法无法和现有 YAO 氏混淆电路的优化方案相兼容。②由于在每个门的输入和输出上使用了 Pedersen 承诺方案,LEGO 算法的效率不高。2013 年欧密会上,托雷·K. 弗雷德(Tore K. Frederiksen)等人在 LEGO 构建法的基础上,使用基于 OT 的异或—同态承诺代替 Pedersen 承诺,提出了基于常用密码学假设的 MiniLEGO 算法。在电路的规模上，目前的研究成果已经可以处理由上亿级门组成的电路。协议的运算效率也通过预处理的方式得到了大大的提升，虽然预处理方式并不适合于所有应用场景，但是在某些具体的应用（如选举、投票等）中多个参与方正式运算之前进行预处理是可行的。

4.8.2　经典协议

【协议 4 – 16】YAO 氏混淆电路估值方案

YAO 氏混淆电路估值方案是首个通用电路估值方案，由于该方案可以实现对任意类型门电路的安全估值，因此有广泛的应用。林德尔（Yehuda Lindell）和平卡斯（Benny Pinkas）对该方案的安全性进行了严格证明，半诚实模型下 YAO 氏混淆电路估值方案是安全的。本节介绍 YAO 氏混淆电路估值方案的原理，以及如何使用 YAO 氏混淆电路估值方案实现安全两方计算。

令 $C(x,y) \in \{0,1\}^\sigma$ 代表一个布尔电路，其输入为 $x,y \in \{0,1\}^\sigma$。假设输入数据长度、输出数据长度和安全参数的长度均为 σ。下面首先介绍如何对电路 C 上的单个门 $g:\{0,1\} \times \{0,1\} \to \{0,1\}$ 进行混淆估值。令 w_1, w_2 代表 g 的输入信号，w_3 代表输出信号。$k_1^0, k_1^1, k_2^0, k_2^1, k_3^0, k_3^1$ 是分别调用密钥生成算法 $G(1^\sigma)$ 产生的密钥。简便起见，假设这些密钥的长度也为 σ。我们要解决的问题是如何在不泄漏 $k_3^{g(1-\alpha,\beta)}, k_3^{g(\alpha,1-\beta)}, k_3^{g(1-\alpha,1-\beta)}$ 的前提下，通过 k_1^α, k_2^β 计算 $k_3^{g(\alpha,\beta)}$。下面定义四个中间参数

$$c_{0,0} = E_{k_1^0}(E_{k_2^0}(k_3^{g(0,0)}))$$

$$c_{0,1} = E_{k_1^0}(E_{k_2^1}(k_3^{g(0,1)}))$$

$$c_{1,0} = E_{k_1^1}(E_{k_2^0}(k_3^{g(1,0)}))$$

$$c_{1,1} = E_{k_1^1}(E_{k_2^1}(k_3^{g(1,1)}))$$

其中 E 是对称加密方案 (G,E,D) 中的加密算法,对于多个消息其密文具有不可区分性,并且密文满足范围高效可验证性。对上述四个中间参数执行随机置换,得到 g 的混淆真值表 c_0,c_1,c_2,c_3。给定 $k_1^\alpha, k_2^\beta, c_0, c_1, c_2, c_3$,可以通过下面的思路计算 $k_3^{g(\alpha,\beta)}$:对于 $i = 0,1,2,3$,计算 $D_{k_2^\beta}(D_{k_1^\alpha}(c_i))$。正常情况下,只会得到一个有效解密值 $k_3^\gamma = k_3^{g(\alpha,\beta)}$;如果得到两个及以上的有效解密值,则中止协议。

下面介绍如何对由多个门组成的电路进行安全估值。令 $w_1,w_2,\cdots,w_m$ 代表电路 C 上的信号标记,其中 m 是电路 C 上的信号数量。上述信号标记都是独立赋值的,但是当门 g 的扇出大于 1 时,其所有输出信号标记相同。同样的,如果一个输入信号扇入了多个门,则这多个门相应的信号标记都相同。对于每一个信号标记 w_i,选择两个独立的密钥 $k_i^0, k_i^1 \leftarrow G(1^n)$。协议要求所有密钥都是独立计算得到的。现在,给定所有密钥,可以通过上文介绍的解决思路计算每个门对应的混淆真值表以及整个电路的输出。

例如,假设 g_1,g_2,g_3 都是扇入为 2 扇出为 1 的电路门,这里不限制门类型。假设 g_1,g_2 的扇出信号连接到 g_3 的扇入信号,我们可以使用如图 4-2 所示信号标记

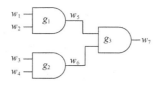

图 4-2　YAO 氏混淆电路估值方案门电路示例

下面介绍如何使用 YAO 氏混淆电路估值方案实现安全两方计算。假设参与者为 P_1 和 P_2,见表 4-3。

表 4 – 3　基于 YAO 氏混淆电路估值方案的安全两方计算

参与者：P_1 和 P_2
系统参数：布尔电路 C，布尔电路 C 上信号数量 m
步骤 1：参与者 P_1 基于如下运算产生布尔电路 C 的混淆真值表。对于电路 C 上的每个信号标记 w_i，选择两个独立的密钥 $k_i^0, k_i^1 \leftarrow G(1^n)$，然后使用 k_i^0, k_i^1 对电路 C 上的每个电路门执行混淆加密操作，得到每个门对应的混淆真值表，并将混淆真值表发送给 P_2
步骤 2：P_1 将电路 C 输出门扇出信号密钥 k_m^0, k_m^1 发送给 P_2
步骤 3：P_1 根据自己的输入值生成混淆电路上对应输入信号的混淆密钥并发送给 P_2
步骤 4：P_2 使用不经意传输协议得到自己的输入值对应的混淆电路的输入信号的混淆密钥
步骤 5：P_2 按照布尔电路 C 的拓扑结构使用混淆真值表和输入密钥信号依次执行计算，最终得到布尔电路 C 的的输出值
步骤 6：P_2 将输出至发送给 P_1

【协议 4 – 17】GMW 混淆电路估值方案

戈德赖希（Oded Goldreich）等人提出的 GMW 混淆电路估值方案给出了设计混淆电路估值方案的另一种思路，该方案在半诚实模型下是安全的。GMW 混淆电路估值方案使用布尔电路表述待解决的问题，然后使用基于异或操作的秘密共享和不经意传输技术实现对布尔电路的安全估值。由于该方案对异或门的估值运算是"无消耗"的，因此该方案提出后被广泛应用。这里的无消耗是指在对异或门进行估值时，不需要使用混淆真值表，只需要对混淆输入数据进行异或操作。从复杂度的角度来看，由于不需要使用混淆真值表，因此没有混淆真值表所带来的哈希运算或对称加解密操作。对异或门的估值不需要参与者之间的通信，并且参与者的本地计算量几乎可以忽略。我们将其他电路门统称为非异或门。崔胜哲（Seung Geol Choi）等人将 GMW 混淆电路估值方案由原来的两个参与者推广到多个参与者，托马斯·施耐德（Thomas Schneider）等人对 GMW 混淆电路估值方案进行了进一步的优化，杰斯伯·尼尔森（Jesper B. Nielsen）等人将

GMW 混淆电路估值方案由半诚实模型推广到恶意模型。本节介绍半诚实模型下 GMW 混淆电路估值方案的原理。

GMW 电路估值方案假设待计算的功能函数 f 使用由异或门(XOR)、与门(AND)组成的布尔电路表示。假设 n 代表参与者 P_i 的个数。在 GMW 方案中,参与者 P_i 获得布尔电路中每条连接线 w 在估值过程中取值 s_w 的一个份额 s_{wi}。连接线取值份额是随机产生的,但受限于 $s_w = s_{w1} \oplus s_{w2} \oplus \cdots \oplus s_{wn}$。下面介绍参与者如何生成连接线取值份额。对于电路的输入连接线 w,假设参与者 P_i 提供的输入值为 s_w。对于 $j = 1,2,\cdots,n$ 且 $j \neq i$,P_i 产生随机数 s_{wj} 并发送给 P_j。P_i 独自计算自己在连接线 w 上的份额 $s_{wi} = s_w \oplus (\oplus_{j=1,j\neq i}^{n} s_{wj})$。电路中每个门的输出连接线上份额的计算方法和门的类型有关,下面分别介绍。

如果当前是对异或门的输出进行估值,假设异或门的输入连接线分别是 u 和 v,输出连接线是 w。每个参与者都拥有输入连接线上相应的份额 $(s_{u1},s_{u2},\cdots,s_{un})$ 和 $(s_{v1},s_{v2},\cdots,s_{vn})$。所有参与者本地对各自的份额执行"异或"计算,即参与者 P_i 计算 $s_{wi} = s_{ui} \oplus s_{vi}$。可以看出

$$s_w = s_u \oplus s_v = (s_{u1} \oplus s_{u2} \oplus \cdots \oplus s_{un}) \oplus (s_{v1} \oplus s_{v2} \oplus \cdots \oplus s_{vn}) = (\oplus_{i=1}^{n} s_{wi})$$

也就是说,参与者 P_i 在本地计算所得到的 s_{wi} 就是 P_i 在该异或门输出信号线 w 上的秘密份额。

【协议 4-18】唐纳德·比弗(Donald Beaver)介绍了如何使用乘法三元组完成两个参与者 P_1 和 P_2 之间"与门"的安全估值。乘法三元组指的是一个数据集 $\alpha_1,\alpha_2,\beta_1,\beta_2,\gamma_1,\gamma_2 \in \{0,1\}$,满足 $(\alpha_1 \oplus \alpha_2) \wedge (\beta_1 \oplus \beta_2) = \gamma_1 \oplus \gamma_2$。吉拉德·阿斯洛夫(Gilad Asharov)等人指出可以调用两次随机 OT 协议生成乘法三元组,【协议 4-20】介绍了这种方法。

【协议 4 - 18】基于乘法三元组的与门安全估值协议

输入数据：P_1 输入乘法三元组 $(\alpha_1, \beta_1, \gamma_1)$ 和与门输入线路 u 和 v 上的秘密份额 s_{u1}, s_{v1}；P_2 输入乘法三元组 $(\alpha_2, \beta_2, \gamma_2)$ 和与门输入线路 u 和 v 上的秘密份额 s_{u2}, s_{v2}。

输出数据：P_1 获得与门的输出份额 s_{w1}；P_2 获得与门的输出份额 s_{w2}。

协议过程：

(1)参与者 P_1 计算 $d_1 = \alpha_1 \oplus s_{u1}$，$e_1 = \beta_1 \oplus s_{v1}$；$P_2$ 计算 $d_2 = \alpha_2 \oplus s_{u2}$，$e_2 = \beta_2 \oplus s_{v2}$。

(2)P_1 将 d_1，e_1 发送给 P_2；P_2 将 d_2，e_2 发送给 P_1。

(3)P_1 和 P_2 分别在本地计算 $d = d_1 \oplus d_2$，$e = e_1 \oplus e_2$。

(4)P_1 计算与门的输出份额 $s_{w1} = (d \wedge e) \oplus (d \wedge \beta_1) \oplus (e \wedge \alpha_1) \oplus \gamma_1$。$P_2$ 计算与门的输出份额 $s_{w2} = (d \wedge \beta_2) \oplus (e \wedge \alpha_2) \oplus \gamma_2$。

【协议 4 - 19】基础协议 1

输入数据：无。

输出数据：接收者输出 (α, u)，发送者输出 (b, v)。

协议过程：

(1)接收者生成随机数 $\alpha \in \{0, 1\}$。

(2)接收者和发送者执行随机 OT 协议。协议结束后，接收者得到 $x_\alpha = \alpha(x_0 \oplus x_1) \oplus x_0$，发送者得到 x_0 和 x_1。

(3)接收者计算 $u = x_\alpha$；发送者计算 $b = x_0 \oplus x_1$，$v = x_0$。可以看出

$$\alpha b = \alpha(x_0 \oplus x_1) = \alpha(x_0 \oplus x_1) \oplus x_0 \oplus x_0 = x_\alpha \oplus x_0 = u \oplus v$$

(4)接收者输出 (α, u)，发送者输出 (b, v)。

【协议 4 - 20】乘法三元组生成协议

输入数据：无。

输出数据：P_1 输出 $(\alpha_1,\beta_1,\gamma_1)$，$P_2$ 输出 $(\alpha_2,\beta_2,\gamma_2)$。

协议过程：

（1）P_1 和 P_2 执行上述基础协议1，其中 P_1 充当接收者的角色，P_2 充当发送者的角色。协议结束后，P_1 输出 (α_1,u_1)，P_2 输出 (b_2,v_2)。

（2）P_1 和 P_2 再次执行上述基础协议1，其中 P_1 充当发送者的角色，P_2 充当接收者的角色。协议结束后，P_1 输出 (b_1,v_1)，P_2 输出 (α_2,u_2)。

（3）P_1 计算 $\gamma_1 = \alpha_1 b_1 \oplus u_1 \oplus v_1$；$P_2$ 计算 $\gamma_2 = \alpha_2 b_2 \oplus u_2 \oplus v_2$。可以证明，$(\alpha_1 \oplus \alpha_2) \wedge (\beta_1 \oplus \beta_2) = \gamma_1 \oplus \gamma_2$。

（4）P_1 输出 $(\alpha_1,\beta_1,\gamma_1)$，$P_2$ 输出 $(\alpha_2,\beta_2,\gamma_2)$。

【协议 4 – 21】KS 混淆电路估值方案

YAO 氏混淆电路估值方案要为电路中的每个电路门创建真值表，因此对布尔电路中任意类型的电路门进行评估的复杂度是一样的。弗拉基米尔·斯尼科夫（Vladimir Kolesnikov）和托马斯·施耐德（Thomas Schneider）提出了一种新的混淆电路估值技术，实现了对异或门的"无消耗"估值。对非异或门进行估值时，KS 混淆电路估值方案在 YAO 氏混淆电路估值方案的基础上使用了达利亚·玛克哈（Dahlia Malkhi）等人提出的 point – and – permute 技术来提速。

令 w_i 代表 KS 混淆电路中的混淆密钥，$w_i = \langle k_i, p_i \rangle \in \{0,1\}^{\sigma'}$。其中，$k_i \in \{0,1\}^{\sigma}$，随机置换因子 $p_i \in \{0,1\}$，可以看出 $\sigma' = \sigma + 1$。混淆电路构建者选择一个密钥差值 $\Delta \in_R \{0,1\}^{\sigma}$，对于门电路上的每个输入信号 $\widetilde{w_i}$，产生 σ 位随机数 k_i^0 和 1 位随机数 p_i^0，则 $w_i^0 = \langle k_i^0, p_i^0 \rangle$；混淆电路构建者计算 $w_i^1 = \langle k_i^1, p_i^1 \rangle = \langle k_i^0 \oplus \Delta, p_i^0 \oplus 1 \rangle$。$k_i$ 用于生成和解密混淆真值表中的混淆值。随机置换因子 p_i 是混淆真值表的输入，完成混淆电路估值的参与者将根据当前电路门上输入信号中的随机置换因子找到混淆真值

表中对应的混淆值,然后通过"解密"操作得到输出信号对应的混淆密钥。产生混淆电路的混淆真值表所使用的加密算法为

$$Enc_{k_1,\cdots,k_d}^s(m) = m \oplus H(k_1 \parallel \cdots \parallel k_d \parallel s)$$

其中,d 代表电路门的扇入值,s 是电路门在当前门电路中的拓扑序号,H 代表哈希函数,实际应用中 H 可选取 SHA $-$ 2 中的哈希函数,$\parallel$ 表示字符串的连接操作。因此,创建一个输入为 d 的非异或门的混淆表需要调用 2^d 次哈希函数,对该非异或门估值需要调用 1 次哈希函数。

表 4 $-$ 4　混淆电路构建算法

参与者: P_1
步骤 1:参与者 P_1 随即选择密钥差值 $\Delta \in_R \{0,1\}^\sigma$
步骤 2:对于电路 C 上的每个输入信号 w_i,通过产生随机数的方式得到混淆密钥 $w_i^0 = \langle k_i^0, p_i^0 \rangle$ $\in_R \{0,1\}^{\sigma+1}$,并计算另一个混淆密钥 $w_i^1 = \langle k_i^1, p_i^1 \rangle = \langle k_i^0 \oplus \Delta, p_i^0 \oplus 1 \rangle$
步骤 3:对于电路 C 上的每个电路门 G_i,假设输入信号分别是 w_a 和 w_b,输出信号为 w_c,则
(1)如果 G_i 是异或门,$w_a^0 = \langle k_a^0, p_a^0 \rangle$,$w_b^0 = \langle k_b^0, p_b^0 \rangle$,$w_a^1 = \langle k_a^1, p_a^1 \rangle$,$w_b^1 = \langle k_b^1, p_b^1 \rangle$,则 $w_c^0 = \langle k_a^0 \oplus k_b^0, p_a^0 \oplus p_b^0 \rangle$,$w_c^1 = \langle k_a^0 \oplus k_b^0 \oplus \Delta, p_a^0 \oplus p_b^0 \oplus 1 \rangle$
(2)如果 G_i 是扇入值为 2 的非异或门,$w_a^0 = \langle k_a^0, p_a^0 \rangle$,$w_b^0 = \langle k_b^0, p_b^0 \rangle$,$w_a^1 = \langle k_a^1, p_a^1 \rangle$,$w_b^1 = \langle k_b^1, p_b^1 \rangle$,则首先产生随机数 $w_c^0 = \langle k_c^0, p_c^0 \rangle \in_R \{0,1\}^{\sigma+1}$;计算 $w_c^1 = \langle k_c^0 \oplus \Delta, p_c^0 \oplus 1 \rangle$;令 $v_a, v_b \in \{0, 1\}$ 代表 G_i 的输入比特,则 $$c_{v_a,v_b} = H(k_a^{v_a} \parallel k_b^{v_b} \parallel i) \oplus w_c^{g_i(v_a,v_b)}$$ 创建电路门 G_i 的混淆真值表,真值表中输入 $< p_a^{v_a}, p_b^{v_b} >$ 对应的输出为 c_{v_a,v_b}
步骤 4:令 G_j 代表布尔电路 C 的输出电路门,w_i 代表 G_j 的输出信号,且 w_i 上的混淆密钥 $w_i^0 = \langle k_i^0, p_i^0 \rangle$,$w_i^1 = \langle k_i^1, p_i^1 \rangle$,令 $v \in \{0,1\}$ 代表 w_i 上的输出比特,则创建混淆真值表 $$c_v = H(k_i^v \parallel "out" \parallel j) \oplus v$$

如表 4 $-$ 1 所示,P_1 完成混淆电路构建之后,将混淆电路真值表和 P_1 的输入值对应的混淆密钥发送给 P_2,P_2 使用不经意传输协议得到自己输入值对应的混淆密钥。然后,P_2 使用混淆电路估值算法对电路进行估值计

算,下面给出 KS 混淆电路估值算法。

表 4 – 5　KS 混淆电路估值算法

参与者：P_2
步骤 1：对于电路 C 上的每个电路门 G_i,假设输入混淆密钥分别是 $w_a = \langle k_a, p_a \rangle$ 和 $w_b = \langle k_b, p_b \rangle$,则 (1) 如果 G_i 是异或门,计算 G_i 的输出混淆密钥 $w_c = \langle k_a \oplus k_b, p_a \oplus p_b \rangle$ (2) 如果 G_i 是扇入值为 2 的非异或门,假设 G_i 混淆真值表中 $\langle p_a, p_b \rangle$ 对应的输出为 e,则计算 $w_c = \langle k_c, p_c \rangle = H(k_a \parallel k_b \parallel i) \oplus e$ 步骤 2：对于电路 C 上的每个输出门 G_j,假设输出混淆密钥 $w_i = \langle k_i, p_i \rangle$,假设 G_j 混淆真值表中 p_i 对应的输出为 e,则该输出门的输出值为 $f_i = H(k_i^y \parallel ''out'' \parallel j) \oplus e$

表 4 – 6 介绍了如何使用 KS 混淆电路构建算法和 KS 混淆电路估值算法构建安全两方计算协议。

表 4 – 6　KS 安全两方计算协议

参与者：P_1, P_2 输入信息：P_1 输入隐私数据 $x = \langle x_1, x_2, \cdots, x_{u_1} \rangle \in \{0,1\}^{u_1}$,$P_2$ 输入隐私数据 $y = \langle y_1, y_2, \cdots, y_{u_2} \rangle \in \{0,1\}^{u_2}$ 系统参数：布尔电路 C 是非循环电路。对于 $\forall x \in \{0,1\}^{u_1}, y \in \{0,1\}^{u_2}$,满足 $C(x,y) = f(x, y)$,其中 $f:\{0,1\}^{u_1} \times \{0,1\}^{u_2} \rightarrow \{0,1\}^v$
步骤 1：P_1 调用 KS 混淆电路构建算法,并将所有电路门的混淆真值表发送给 P_2 步骤 2：令 $W_1, W_2, \cdots, W_{u_1}$ 代表布尔电路 C 上 P_1 的输入信号,$W_{u_1+1}, W_{u_1+2}, \cdots, W_{u_1+u_2}$ 代表布尔电路 C 上 P_2 的输入信号。P_1 发送其输入信号值对应的混淆密钥 $w_1^{x_1}, w_2^{x_2}, \cdots, w_{u_1}^{x_{u_1}}$ 给 P_2 步骤 3：对于 $i \in \{1,2,\cdots, u_2\}$,$P_1$ 和 P_2 调用不经意传输协议,P_1 输入为 $(w_{u_1+i}^0, w_{u_1+i}^1)$,$P_2$ 输入为 y_i。该步骤中的 u_2 次不经意传输协议可以并行执行 步骤 4：完成上述三个步骤后,P_2 得到混淆电路的所有混淆真值表和电路输入混淆密钥。P_2 调用 KS 混淆电路估值算法,得到协议输出 $f(x,y)$

4.8.3　常用布尔电路

本节介绍弗拉迪米尔·科列斯尼科夫(Valadimir Kolesnikov)等人设计的几个常用布尔电路,在这些布尔电路上应用前文所介绍的通用混淆电路估值技术,可以实现对应函数的安全两方计算。当然,并不是所有的函数都可以通过本节介绍的布尔电路构建而成。针对特殊功能函数,需要专门设计相应的布尔电路。在选定通用混淆电路估值技术之后,安全多方计算协议的复杂度将取决于布尔电路的复杂度。因此,对布尔电路的研究不应该仅仅局限于是否实现了对应的函数功能,同时要考虑电路的复杂程度。

4.8.3.1　布尔电路

布尔电路是以布尔代数为数学基础的。因此,本节简单介绍常用布尔代数的基本运算和对应的门电路。

1849 年,乔治·布尔(George Boole)提出了描述客观事物逻辑关系的数学方法——布尔代数。后来,布尔代数被广泛应用于开关电路和数字逻辑电路的分析与设计上。布尔代数中的常用运算包括与、或、非、异或等。如果决定事物结果的全部条件都满足时,结果才会发生,这种逻辑关系叫作逻辑与,使用与运算表示。如果决定事物结果的条件中只要有一个满足,结果就会发生,这种逻辑关系叫作逻辑或,使用或运算表示。如果决定事物结果的条件只要满足了,结果就不会发生,条件不满足时结果才发生,这样的逻辑关系叫作逻辑非,使用非运算表示。如果决定事物结果的条件有偶数个满足了,结果就不发生;有奇数个条件满足时,结果才发生,这种逻辑关系叫作逻辑异或,使用异或运算表示。

对于上述逻辑表述,我们使用比特值 1 表示条件满足,比特值 0 表示条件不满足;比特值 1 表示结果发生,比特值 0 表示结果不发生。在只有两个条件的情况下,可以使用表4-7,4-8,4-9,4-10所示的真值表表达上述逻辑。

表4-7　逻辑与运算的真值表

条件1	条件2	结果
0	0	0
0	1	0
1	0	0
1	1	1

表4-8　逻辑或运算的真值表

条件1	条件2	结果
0	0	0
0	1	1
1	0	1
1	1	1

表4-9　逻辑非运算的真值表

条件	结果
0	1
1	0

表4-10　逻辑异或运算的真值表

条件1	条件2	结果
0	0	0
0	1	1
1	0	1
1	1	0

在布尔电路中,实现基本逻辑运算和复合逻辑运算的单元单路统称为门电路。上文中介绍的四种布尔代数运算实际上对应着布尔电路中的四种门电路,分别被称为与门、或门、非门和异或门。实际上,布尔电路中常用的门电路还包括与非门、或非门、与或非门等。由于篇幅的原因,本文不再一一介绍。感兴趣的读者可以阅读参考高等教育出版社 2006 年出版的《数字电子技术基础》一书。

4.8.3.2　整数加法电路

加法电路(ADD circuit)实现了两个无符号整数 $x = x_n \parallel x_{n-1} \parallel \cdots \parallel x_1$ 和 $y = y_n \parallel y_{n-1} \parallel \cdots \parallel y_1$ 的加法运算,即加法电路对应的函数为 $f(x,y) = x + y$,其中 x_i 表示 x 的二进制表达式中的第 i 位,$\parallel$ 表示位连接符。

加法电路最直观的实现方式如图 4-3 所示,该电路使用 1 比特加法门组成。1 比特加法门的输入包括 x_i, y_i 和前一个 1 比特加法门的进位比特 c_i;输出包括加法比特 s_i 和进位比特 c_{i+1}。1 比特加法门的两个输出信号对应的真值表如表 4-11 和表 4-12 所示。由于 YAO 氏通用混淆电路估值方案可以对由任意类型的电路门组成的布尔电路进行估值,因此基于图 4-3 中加法电路的拓扑结构和 1 比特加法门真值表,可以使用 YAO 氏通用混淆电路估值方案实现对两个无符号整数的加法运算的安全计算。

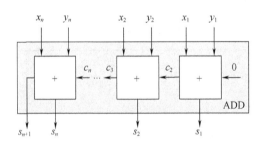

图 4-3　ADD 电路拓扑结构

表 4 - 11 加法电路信号 s_i 对应的真值表

x_i	y_i	c_i	s_i
0	0	0	0
0	0	1	1
0	1	0	1
0	1	1	0
1	0	0	1
1	0	1	0
1	1	0	0
1	1	1	1

表 4 - 12 加法电路信号 c_{i+1} 对应的真值表

x_i	y_i	c_i	c_{i+1}
0	0	0	0
0	0	1	0
0	1	0	0
0	1	1	0
1	0	0	0
1	0	1	0
1	1	0	0
1	1	1	1

使用常用逻辑门可以将 1 比特加法门的输出表达如下

$$c_{i+1} = (x_i \wedge y_i) \vee (x_i \wedge c_i) \vee (y_i \wedge c_i)$$

$$= c_{i-1} \oplus ((x_i \oplus c_i) \wedge (y_i \oplus c_i))$$

$$s_i = x_i \oplus y_i \oplus c_i$$

利用上面的表达式,科列斯尼科夫等人设计的 1 比特加法门电路如图

4-4所示。可以看出,该电路中计算s_i使用的电路门类型均为异或门,计算c_i使用的电路门类型为异或门和与门。由于KS混淆电路估值方案和GMW混淆电路估值方案中对异或门的评估是"无消耗"的。因此,将1比特加法门电路应用到图4-3中的ADD电路拓扑图中后,可以使用KS混淆电路估值方案或GMW混淆电路估值方案实现对两个无符号整数的加法运算的安全计算。

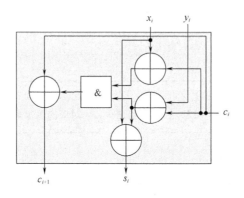

图4-4 1比特加法门电路

下面简单比较一下使用不同方案的复杂度。如果使用YAO氏混淆电路估值方案基于图4-3的电路拓扑结构进行安全计算,混淆电路构建者需要对n个加法电路门每个输出信号都生成混淆真值表,电路估值者需要对n个加法电路门每个输出信号都执行解密操作,由于加法电路门有两个输出信号,因此计算量可以简单地表示为$O(2n)$。如果使用KS混淆电路估值方案基于图4-3的电路拓扑结构和图4-4的1比特加法门电路进行安全计算,混淆电路构建者只需要生成n个与门输出信号的混淆真值表,电路估值者只需要对n个与门输出信号的混淆真值表执行解密操作,由于与门只有一个输出信号,因此计算量可以简单地表示为$O(n)$。可以看出,此时通过对电路拓扑地精心设计,使用KS混淆电路估值方案实现的安全加法运算的复杂度低于使用 YAO 氏混淆电路估值方案实现的安全加法运算。

4.8.3.3　整数减法电路

减法电路(SUB circuit)实现了数 x 和 y 的减法运算,即加法电路对应的函数为 $f(x,y) = x - y$。基于二进制的补码表示可知,$f(x,y) = x - y = x + \bar{y} + 1$。

减法电路最直观的实现方式如图 4-5 所示,该电路使用 1 比特减法门组成。1 比特减法门的输入包括 x_i,y_i 和前一个 1 比特减法门的借位比特 c_i;输出包括减法比特 s_i 和借位比特 c_{i+1}。1 比特减法门的两个输出信号对应的真值表如表 4-13 和表 4-14 所示。由于 YAO 氏通用混淆电路估值方案可以对由任意类型的电路门组成的布尔电路进行估值,因此基于图 4-5 中减法电路的拓扑结构和 1 比特减法门真值表,可以使用 YAO 氏通用混淆电路估值方案实现对两个数的减法运算的安全计算。

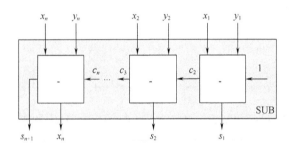

图 4-5　SUB 电路拓扑结构

表 4-13　减法电路信号 s_i 对应的真值表

x_i	y_i	c_i	s_i
0	0	0	0
0	0	1	1
0	1	0	1
0	1	1	0

x_i	y_i	c_i	s_i
1	0	0	1
1	0	1	0
1	1	0	0
1	1	1	1

表 4 – 14　减法电路信号 c_{i+1} 对应的真值表

x_i	y_i	c_i	c_{i+1}
0	0	0	0
0	0	1	1
0	1	0	1
0	1	1	1
1	0	0	0
1	0	1	0
1	1	0	0
1	1	1	1

使用常用逻辑门可以将 1 比特减法门的输出表达如下

$$c_{i+1} = (x_i \wedge \overline{y_i}) \vee (x_i \wedge c_i) \vee (\overline{y_i} \wedge c_i)$$

$$= x_i \oplus ((x_i \oplus c_i) \wedge (y_i \oplus c_i))$$

$$s_i = x_i \oplus \overline{y_i} \oplus c_i$$

利用上面的表达式,科列斯尼科夫等人设计的 1 比特减法门电路如图 4 – 6 所示。在电路门的类型上,1 比特减法门电路增加了异或非门,如果使用 KS 混淆电路估值方案,异或非门和异或门都无须使用真值表。因此,基于图 4 – 6 的 1 比特减法门电路和图 4 – 5 中减法电路的拓扑结构使用 KS 混淆电路估值方案进行估值的复杂度和上一节中使用 KS 混淆电路估值方案对加法电路进行估值的复杂度是相当的。

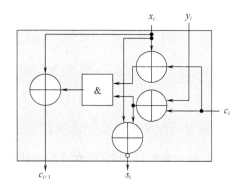

图 4 - 6　1 比特减法门电路

4.8.3.4　比较器

比较器(Comparison Circuit,CMP)实现了两个 n 比特整数 x 和 y 的大小比较,其对应的函数为

$$f(x,y) = \begin{cases} 1, x > y \\ 0, x \leq 0 \end{cases}$$

比较电路最直观的实现方式如图 4 - 7 所示,该电路由 n 个 1 比特比较器($>$)组成。

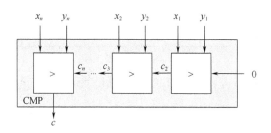

图 4 - 7　比较电路拓扑结构

1 比特比较器的输入信号包括 x_i, y_i 和前一个 1 比特比较器的输出比特 c_i ;输出信号为 c_{i+1} 。1 比特比较器对应的函数为

$$c_{i+1} = g(x_i, y_i, c_i) = \begin{cases} 1, x_i > y_i \\ 0, x_i < y_i \\ c_i, x_i = y_i \end{cases}$$

使用真值表表达 $g(x_i, y_i, c_i)$ 如表 4 - 15 所示。由于 YAO 氏通用混淆电路估值方案可以对由任意类型的电路门组成的布尔电路进行估值,因此基于图 4 - 7 比较电路的拓扑结构和 1 比特比较器的真值表,可以使用 YAO 氏通用混淆电路估值方案实现对两个数的大小比较运算的安全计算。

表 4 - 15 比特比较器对应的真值表

x_i	y_i	c_i	c_{i+1}
0	0	0	0
0	0	1	1
0	1	0	0
0	1	1	0
1	0	0	1
1	0	1	1
1	1	0	0
1	1	1	1

使用常用逻辑门可以将 1 比特比较器的输出表达如下

$$c_{i+1} = x_i \oplus ((x_i \oplus c_i) \wedge (y_i \oplus c_i))$$

利用上面的表达式,科列斯尼科夫等人设计的 1 比特比较器如图4 - 8 所示。一个 1 比特比较器使用了三个异或门和一个与门。由于该比较器设计中包含的异或门较多,因此可以使用 KS 混淆电路估值方案或 GMW 混淆电路估值方案完成安全计算。

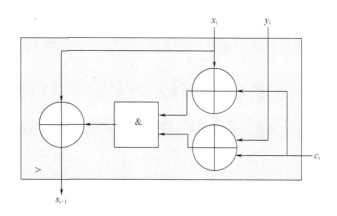

图 4-8   1 比特比较器

4.8.3.5   多路选择器

多路选择器(Multiplexer Circuit, MUX)根据选择位决定输出哪路输入信息。假设输入为 n 比特的信息 x 和 y ,选择位为 c ,输出信息为 z ,则多路选择器对应的功能函数为

$$f(x,y) = \begin{cases} x, c = 0 \\ y, c = 1 \end{cases}$$

多路选择器的拓扑结构如图 4-9 所示,该电路由 n 个 1 比特多路选择器(A)组成。

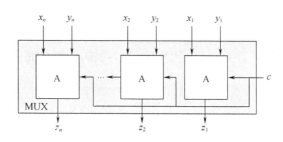

图 4-9   多路选择器拓扑结构

1 比特多路选择器的输入信号包括 x_i, y_i 和选择位 c ;输出信号为 z_i 。1 比特比较器对应的函数为

$$z_i = g(x_i, y_i, c) = \begin{cases} x_i, c = 0 \\ y_i, c = 1 \end{cases}$$

使用真值表表达 $g(x_i, y_i, c)$ 如表 4 – 16 所示。由于 YAO 氏通用混淆电路估值方案可以对由任意类型的电路门组成的布尔电路进行估值,因此基于图 4 – 9 中多路选择器的拓扑结构和 1 比特多路选择器的真值表,可以使用 YAO 氏通用混淆电路估值方案实现多路选择的安全计算。

表 4 – 16　比特多路选择器对应的真值表

x_i	y_i	c	z_i
0	0	0	0
0	1	0	0
1	0	0	1
1	1	0	1
0	0	1	0
0	1	1	1
1	0	1	0
1	1	1	1

使用常用逻辑门可以将 1 比特比较器的输出表达如下

$$z_i = x_i \oplus (c \wedge (x_i \oplus y_i))$$

利用上面的表达式,科列斯尼科夫等人设计的 1 比特多路选择器如图 4 – 10 所示。一个 1 比特多路选择器使用了两个异或门和一个与门。由于该比较器设计中包含的异或门较多,因此可以使用 KS 混淆电路估值方案或 GMW 混淆电路估值方案完成安全计算。

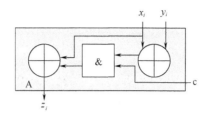

图 4 - 10　1 比特多路选择器

4.8.3.6　条件转换器

条件转换器(Conditional Swap Circuit, CondSwap)根据选择位决定输出和输入的关系。当选择位 $s = 0$ 时,输出 $a = x, b = y$;当 $s = 1$ 时,输出 $a = y, b = x$,如图 4 - 11 所示。

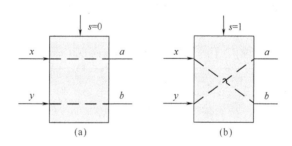

图 4 - 11　条件转换器

条件转换器的拓扑结构如图 4 - 12 所示,该电路由 n 个 1 比特条件换转器(Y)组成。

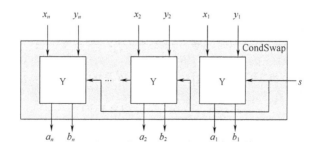

图 4 - 12 条件转换器拓扑结构

1 比特条件转换器的输入信号包括 x_i, y_i 和选择位 s；输出信号为 a_i，b_i。1 比特条件转换器满足

$$a_i = g_1(x_i, y_i, s) = \begin{cases} x_i, s = 0 \\ y_i, s = 1 \end{cases}$$

$$b_i = g_2(x_i, y_i, s) = \begin{cases} y_i, s = 0 \\ x_i, s = 1 \end{cases}$$

1 比特条件转换器对应的真值表如表 4 – 17 所示。由于 YAO 氏通用混淆电路估值方案可以对由任意类型的电路门组成的布尔电路进行估值，因此基于图 4 – 12 中条件转换器的拓扑结构和 1 比特条件转换器的真值表，可以使用 YAO 氏通用混淆电路估值方案实现安全计算。

表 4 – 17　比特条件转换器对应的真值表

x_i	y_i	s	a_i	b_i
0	0	0	0	0
0	1	0	0	1
1	0	0	1	0
1	1	0	1	1
0	0	1	0	0
0	1	1	1	1
1	0	1	0	0
1	1	1	1	1

使用常用逻辑门可以将 1 比特条件转换器的输出表达如下

$$a_i = x_i \oplus (s \wedge (x_i \oplus y_i))$$

$$b_i = y_i \oplus (s \wedge (x_i \oplus y_i))$$

利用上面的表达式，黄炎（Y. Huang）等人设计的 1 比特条件转换器如

图 4 – 13 所示。一个 1 比特条件转换器使用了三个异或门和一个与门。由于该比较器设计中包含的异或门较多,因此可以使用 KS 混淆电路估值方案或 GMW 混淆电路估值方案完成安全计算。

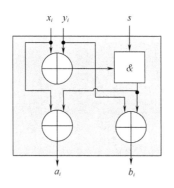

图 4 – 13　1 比特条件转换器

第三部分

集合运算中的隐私保护技术

保护隐私的集合运算（Private Set Operation,PSO）是密码学在集合运算领域的应用。保护隐私的集合运算可以描述为参与者 P_1,P_2 希望基于各自的秘密集合 S_1,S_2 共同完成某种集合运算 f,同时计算结束后各参与者不能获知除结果之外的额外信息。集合的基本运算包括交、并、补、差等,目前保护隐私的集合运算主要研究集合的交集和并集上的安全计算问题,也就是保护隐私的集合交集运算（Private Set Intersection,PSI）和保护隐私的集合并集运算（Private Set Union,PSU）。

实现保护隐私的集合运算分为在算术电路上实现和在布尔电路上实现两种形式。在算术电路上实现保护隐私的集合运算主要使用了同态加密、不经意传输、零知识证明等底层安全协议。布尔电路上实现保护隐私的集合运算需要首先设计实现集合运算的专用布尔电路,然后使用通用混淆电路估值技术实现安全计算。

下面介绍当前保护隐私的集合运算的最新研究成果。在算术电路上,根据数据结构的不同,可以将现有保护隐私的集合运算成果分为基于茫然多项式估值（Oblivious Polynomial Evaluation,OPE）的方案、基于茫然伪随机函数评估（Oblivious Pseudorandom Function Evaluation,OPRF）的方案和基于布隆过滤器（Bloom Filter,BF）的方案等。布尔电路上的保护隐私的集合运算协议通过设计专用电路,然后借助通用混淆电路估值技术实现隐私保护。

茫然多项式估值是最早实现保护隐私的集合运算协议的方法。由于Shamir 门限秘密共享可以看作是罗门码,德纳·达克曼 – 苏里德（Dana Dachman – Soled）等人在 FNP 方案的基础上利用 Shamir 门限秘密共享技术实现了恶意模型下的保护隐私的集合交集运算。该算法的计算复杂度为 $O(mnk\log n + mk^2\log^2 n)$,通信复杂度为 $O(nk + mk^2\log^2 n)$,其中 k 是安全参数, m 和 n 是参与者输入集合的大小。莉·基斯纳(Lea Kissner)等人使用茫然多项式估值实现了半诚实模型下多个参与者的保护隐私的集合并集运算协议,但是该协议会泄漏交集元素的信息。基恩·弗瑞肯(Keith Frikken)提出了半诚实模型和恶意模型下的保护隐私的集合并集运算协议,其恶意模型下协议的计算复杂度为 nk^2 模乘操作,通信复杂度为 $O(kn^2 + k^2n^2)$。

2008 年 TCC 大会上,卡米特·哈兹(Carmit Hazey)等人提出了基于茫然伪随机函数的保护隐私的集合交集运算协议,该方案在弱恶意模型下是安全的,即参与者的恶意行为会以较高的概率被发现。后来,哈兹等人在使用零知识证明等技术实现了恶意模型下的保护隐私的集合交集运算协议。该算法的通信复杂度为 $O(m + n(\log(\log m) + \sigma))$,计算复杂度为 $O(m + n\sigma)$,其中 m 和 n 分别表示两方集合的大小,σ 是集合中元素的最大二进制位数。斯坦尼斯拉夫·贾里奇(Stanislaw Jarecki)等人在 CRS 模型下,基于 Decisional - q - Diffie - Hellman Inversion 假设提出了恶意模型下的保护隐私的集合交集运算协议。埃米利亚诺·德·克里斯托法罗(Emiliano De Cristofaro)等人在 One - More - Gap - DH 假设下提出了半诚实模型下具有线性复杂度的保护隐私的集合交集运算协议。后来,克里斯托法罗等人又提出了 DDH 假设下抵抗恶意攻击者的高效保护隐私的集合交集运算方案。权志弘(Jae Hong Seo)等人使用茫然有理函数表示集合并借助逆向罗伦级数分别实现了半诚实模型和恶意模型下保护隐私的集合并集运算,其恶意模型下协议的计算复杂度为 k^2n^4 次模乘操作,通信复杂度为 $O(k^2n^3)$。2015 年 TCC 大会上,卡米特·哈兹基于代数伪随机函数的陷门高效性提出了保护隐私的集合交集协议。

2012 年,迪利普·马尼(Dilip Many)等人将布隆过滤器引入到保护隐私的集合交集运算中,使用安全多方乘法协议得到参与者布隆过滤器向量的交集,进而得到集合的交集;但是该算法是不安全的,因为交集布隆过滤器向量泄漏了各参与者集合的信息。弗洛里安·科斯鲍姆(Florian Kerschbaum)使用布隆过滤器和 GM 同态加密方案分别设计了半诚实模型和恶意模型下的保护隐私的集合交集运算协议。2013 年,董长宇(C. Y. Dong)等人使用秘密共享和不经意传输设计了更加高效的基于布隆过滤器的保护隐私的集合交集运算协议。以半诚实模型下的保护隐私的集合交集运算协议为例,科斯鲍姆的方案需要 kn 次哈希运算和 $(k\log_2 e + kl + k + 2l)n$ 次模乘操作;董长宇等人的方案需要 $2(k + k\log_2 e)n$ 次哈希运算和几百次公钥操作,可以看出董长宇等人的方案效率更高。2014 年,本尼·平卡斯(Benny Pinkas)等人使用茫然扩展协议设计了随机混淆布隆过滤器,进而优化了董长宇等人协议的效率。

使用通用混淆电路估值技术解决隐私保护问题是安全多方计算的一种通用方法,但过去很多文献认为这种方法效率较低。2012 年,黄炎(Y. Huang)等人设计了集合交集专用电路,并使用 GMW 通用混淆电路估值方案实现了保护隐私的集合交集运算协议。黄炎等人的实验结果表明,当安全级别较低时,埃米利亚诺·德·克里斯托法罗(Emiliano De Cristofaro)等人的方案效率较高;而随着安全级别的增加,黄炎等人的方案效率明显优于克里斯托法罗等人的效率。2014 年,平卡斯等人通过运用茫然扩展协议优化 GMW 方案,使用优化的 GMW 方案评估黄炎等人设计的交集电路,提高了布尔电路上保护隐私的集合交集运算协议的效率,其计算复杂度为 $18\,n\sigma\log n$ 次对称加密操作,通信复杂度为 $O(6nk\sigma\log n)$,其中 k 是安全参数。

本部分首先介绍集合的基础知识,然后分别介绍如何使用各种密码学工具实现保护隐私的集合交集运算协议和保护隐私的集合并集运算协议。最后,本部分介绍了保护隐私的集合运算在其他领域中的应用。

5　集合基础

5.1　集合的基本概念

本节介绍集合论中集合的基本概念,集合论中的其他概念都是由其衍生而来的。

5.1.1　集合及其表示

在很多理论体系中,存在一些基础的、没有严格定义而直接引入的概念,这些概念被称为描述性定义。集合论的创始人格奥尔格·康托尔(Georg Cantor)在创立集合论时,使用概括原则给出了一些基础的描述性定义。例如,集合、元素、属于、不属于。

【定义5－1】(集合的描述性定义)

将满足一定性质的事物概括成一个整体就做成了一个集合(set),组成集合的事物被称为集合的元素(element)。

【定义5－2】(属于、不属于的描述性定义)

若某一事物是一个集合的元素,则称这个事物属于这个集合,否则就称这个事物不属于这个集合。

使用符号 $\in$ 表示元素属于集合。例如,如果元素 a 属于集合 A,则记为 $a \in A$。符号 $\notin$ 表示元素不属于集合。例如,如果元素 b 不属于集合 A,则记为 $b \notin A$。

例如,很多数学教材中使用 N 表示全体自然数集合,用 N^+ 表示除 0 以外的其他自然数的全体构成的集合,用 Z 表述全体整数集合,用 Z^+ 表示全体正整数集合,用 Q 表示全体有理数集合,用 R 表述全体实数集合。若元素 a 属于集合 A,则记为 $a \in A$,否则记为 $a \notin A$。

当描述一个集合时,除了使用自然语言描述一个集合,还可以使用枚举法或描述法来表达一个集合。

(1)枚举法:也叫穷举法或列举法。使用花括号 $\{\}$ 列举出集合的所有元素或者将集合中的所有元素按某种显而易见的规律排列出来。例如,$A = \{1,3,5,7,9,11,13,15\}$。

(2)描述法:也叫概括法。使用花括号 $\{\}$ 写出集合中所有元素的共有性质或满足的条件。例如,$B = \{x \mid x \in R$ 并且 $1 < x < 20\}$,其中花括号 $\{\}$ 中的"|"表示"满足于"的意思。

同一个集合,有时可以使用上述任意一种方法描述。例如,使用枚举法表示上文中的集合 B 为 $B = \{2,3,4,5,6,7,8,9,10,11,12,13,14,15,16,17,18,19\}$。

在很多应用问题中,我们使用一些特殊的数据结构来描述集合。下面介绍集合的位表示法和布隆过滤器。

(1)位表示法。位表示法使用一个包含 m 比特的数组,该数组可以表示一个最多包含 m 个元素的集合。例如,假设系统中的数据都使用四位的二进制数表示,即系统中的全集 $U = \{0000,0001,0010,0011,0100,0101,0110,0111,1000,1001,1010,1011,1100,1101,1110,1111\}$

此时,我们可以使用一个 16 位的数组来表述系统中的集合。当集合中包含元素 a 时,对应数组的第 a 位设置为为 1;否则,如果集合中不包含元素 a 时,对应数组的第 a 位设置为 0。例如,对于系统中的集合 A = $\{1,3,5,7,9,11,13,15\}$,我们使用 16 位的数组 $\vec{v}$ = 0101010101010101 来表示。

(2)布隆过滤器。布隆过滤器是由伯顿·布隆(Burton Bloom)于 1970 年提出的一种数据结构,这种数据结构可以快速地判断某个元素是否在一个集合中,但是存在一定的误识别率。

一个布隆过滤器实际上是一个包含 m 比特的数组,该数组可以表示一个至多包含 n 个元素的集合 S。使用布隆过滤器时,要定义一个包含 k 个相互独立的哈希函数 $H = \{h_0, \cdots, h_{k-1}\}$,其中哈希函数 h_i 可以将集合 S 中的每一个元素都映射为一个索引值,该索引值的取值范围为 $[0, m-1]$。为了方便起见,我们使用 $(m, n, k, H) - BF$ 表示满足上文中条件的布隆过滤器,BF_S 代表一个对应集合 S 的布隆过滤器,$BF_S[i]$ 代表布隆过滤器 BF_S 对应的数据中下标为 i 的比特位。

构建布隆过滤器集合时,首先将数组中的每一位设置为 0。对于要插入的数据 $x \in S$,首先使用 k 个哈希函数 H 将 x 映射到 $(m, n, k, H) - BF$ 的 k 个位置上,然后将这些位置上的数设置为 1。例如,对于 $0 \leq i \leq k-1$,设置 $BF_S[h_i(x)] = 1$。当验证某个数据 y 是否在集合 S 中时,首先使用 k 个哈希函数 H 将 y 映射到 BF_S 的 k 个位置上。如果 BF_S 的 k 个数据位的值均为 1,则 y 有很大的可能在集合中;否则 y 肯定不在集合中。也就是说,布隆过滤器不会漏掉属于集合 S 的元素,但是有可能会将不属于集合 S 的元素误判为集合中的元素。下面给出两个概念。

【定义 5 - 3】假阳性（False Positives）

假设元素 $y \notin S$，但是算法检验结果为 $y \in S$，则这种检验称为假阳性。

【定义 5 - 4】假阴性（False Negatives）

假设元素 $y \in S$，但是算法检验结果为 $y \notin S$，则这种检验称为假阴性。

正如上文分析的，如果元素 $y \in S$，则在验证阶段，每个 $BF_S[h_i(y)]$ 的值都为 1，也就是说布隆过滤器在验证元素时不存在假阴性。然而，布隆过滤器在验证元素时可能存在假阳性。假设当前要判断元素 y 是否在集合 S 中，存在一种可能 y 本身不属于集合 S，但是集合 S 中的其他元素刚好把所有的 $BF_S[h_i(y)]$ 设置为 1，此时经过布隆过滤器的验证结果为 $y \in S$。

下面我们来分析布隆过滤器出现假阳性概率的大小。对于布隆过滤器 $(m, n, k, H) - BF$，当要在这个布隆过滤器中插入集合 S 的第一个元素时，第一个哈希函数会把布隆过滤器数组中的某一个比特设置为 1，因此数组中任意一个比特被设置为 1 的概率为 $1/m$，某一个比特的数值仍然为 0 的概率为 $1 - 1/m$。对于 $(m, n, k, H) - BF$ 数组中的一个特定位置，当前待插入元素的 k 个哈希函数都没有将它设置为 1 的概率为 $(1 - 1/m)^k$。假设现在已经完成了第一个元素的插入，当插入集合 S 中的第二个元素时，某个特定位置仍然没有被设置为 1 的概率为 $(1 - 1/m)^{2k}$。当插入集合 S 中的 n 个元素后，数组某个位置没有被设置为 1 的概率为 $(1 - 1/m)^{kn}$。因此，插入集合 S 中的 n 个元素后，数组某个位置没有被设置为 1 的概率为 $p = 1 - (1 - 1/m)^{kn}$。假设当前已经完成了 $(m, n, k, H) - BF_S$ 的构建，对于一个新的元素 x，它的第一个哈希函数对应的数组中的比特位已经被设置为 1 的概率为 p。出现假阳性检验要求一个不在集合中的元素被误判为在集合中，即该元素经过 k 个哈希函数映射到数组上的比特位值都为 1，此时的概率为 $p^k = \left[1 - \left(1 - \dfrac{1}{m} \right)^{kn} \right]^k$。

在实际应用中,人们往往希望构建一个假阳性概率至多为 ε 的布隆过滤器。此时,m 的极值为 $m \geqslant n \log_2 e \cdot \log_2 \frac{1}{\varepsilon}$,其中 e 表示自然对数的底数,哈希函数个数的极值为 $k = (m/n) \cdot \ln 2$;当 m 取最优值,即 $m = n \log_2 e \cdot \log_2 \frac{1}{\varepsilon}$ 时,$k = \log_2 \frac{1}{\varepsilon}$。

5.1.2　集合之间的关系

对于两个给定的集合,他们之间可能存在相等、不相等和包含等关系。下面给出它们的定义。

【定义 5 - 5】(集合的相等关系)

假设 A,B 是两个集合。若 A 和 B 由相同的元素组成,则称这两个集合是相等的,记为 $A = B$。否则称这两个集合是不相等的,记为 $A \neq B$。

【定义 5 - 6】(集合的子集)

假设 A,B 是两个集合。若 A 的所有元素都是 B 的元素,则称 A 是 B 的子集或者称 B 包含 A,记为 $A \subseteq B$。

特别地,当 $A \subseteq B$,但 $A \neq B$ 时,称 A 是 B 的真子集(proper subset),记为 $A \subset B$。

下面给出集合关系的一些性质:

(1)任何集合都是其本身的子集,但不是其本身的真子集。

(2)如果 $A \subset B$,则 $A \subseteq B$;但若 $A \subseteq B$,却未必有 $A \subset B$。事实上,若 $A \subseteq B$,则要么 $A \subset B$,要么 $A = B$。

(3)对于任意的集合 A 和 B,$A = B \Leftrightarrow A \subseteq B$ 并且 $B \subseteq A$。

(4)若 $A \subset B$,$B \subset C$,则 $A \subset C$。

有一种特殊的集合,被称为空集,下面给出空集的定义。

【定义 5 – 7】(空集)

不含任何元素的集合称为空集,记为 $\varnothing$ 。

事实上,空集是任何集合的子集,并且空集是唯一的。

5.2 集合的运算

集合的基本运算有并、交、补、差、幂集等,在一个或几个集合上通过这些基本运算可以产生新的集合。

【定义 5 – 8】(并集)

假设 A 和 B 是集合,由所有或者属于 A 或者属于 B 的元素组成的集合称为 A 和 B 的并集,记为 $A \cup B$ 。

【定义 5 – 9】(交集)

假设 A 和 B 是集合,由所有既属于 A 又属于 B 的元素组成的集合称为 A 和 B 的交集,记为 $A \cap B$ 。

特别地,当 $A \cap B = \varnothing$ 时,称集合 A 和 B 是不相交的。

【定义 5 – 10】(差集)

假设 A 和 B 是集合,由所有属于 A 但不属于 B 的元素组成的集合称为 A 和 B 的差集,记为 $A \backslash B$ 或 $A - B$ 。

【定义 5 – 11】(补集)

全集 U 和集合 A 的差集 $U \backslash A$ 或 $U - A$ 称为 A 的补集,记为 A' 或为 $\overline{A}$。

【定义 5 – 12】(幂集合)

假设 A 为一个集合,由 A 的全体子集合构成的集合为 A 的幂集合,记为 $P(A)$ 或者 2^A 。

例如,假设集合 $A = \{1, 3, 5, 7\}$, $B = \{1, 2\}$,全集 $U = \{1, 2, 3, 4, 5,$

6,7,8},则有

$$A \cup B = \{1,2,3,5,7\}$$

$$A \cap B = \{1\}$$

$$\overline{A} = \{2,4,6,8\}$$

$P(A) = \{\varnothing, \{1\}, \{3\}, \{5\}, \{7\}, \{1,3\}\{1,5\}, \{1,7\}, \{3,5\},$

$\{3,7\}, \{5,7\}, \{1,3,5\}, \{1,3,7\}, \{1,5,7\}, \{3,5,7\}, \{1,3,5,7\}\}$

集合的运算满足如下运算规律：

设 A、B 和 C 为三个任意集合，U 为全集，$*$ 代表 $\cup$，$\cap$ 运算，那么

(1)交换律：$A * B = B * A$。

(2)结合律：$(A * B) * C = A * (B * C)$。

(3)分配律：$A \cup (B \cap C) = (A \cup B) \cap (A \cup C)$，$A \cap (B \cup C) = (A \cap B) \cup (A \cap C)$。

(4)同一律：$A \cup \varnothing = A$，$A \cap U = A$。

(5)零率：$A \cup U = U$，$A \cap \varnothing = \varnothing$。

(6)补余率：$A \cup A' = U$，$A \cap A' = \varnothing$。

(7)幂等率(Idempotent Law)：$A \cap A = A$，$A \cup A = A$。

(8)吸收率(Absorption Law)：$A \cap (A \cup B) = A$，$A \cup (A \cap B) = A$。

(9)双重补律：$(A')' = A$。

6　保护隐私的集合交集运算

棱镜门发生后，各国政府机构在选择项目承包商时都比较谨慎。政府机构希望确认项目承包商的员工是否有犯罪记录，但是政府机构往往不愿意直接公开罪犯的数据集，项目承包商也不愿意公开其员工的数据集，但是为了确保项目能够正常开展，政府机构和项目承包商都希望确定这两个数据集之间有无交集。

两个国家执法机构(如美国的联邦调查局和英国的军情五处)要比较它们各自的恐怖分子嫌疑人数据库，国家隐私法禁止它们透露大量数据。但是，通过条约，它们可以互相分享涉及共同利益的相关嫌疑人的信息。如何知道这两个数据库中涉及共同利益的相关嫌疑人有哪些呢？

为了防止恐怖分子嫌疑人通过乘坐飞机的方式出逃，各国的国家安全部门经常需要对比恐怖分子嫌疑人名单和航空公司的乘客名单。但是，有些航空公司出于对乘客隐私信息的保护，不希望直接将乘客名单提交给各国的国家安全部门，同时各国的国家安全部门也不会直接将恐怖分子嫌疑人名单发送给航空公司。此时，如何确定两份名单是否有交集呢？

上面三个小故事中的问题都可以使用保护隐私的集合交集协议来解决。本章介绍保护隐私的集合交集运算协议。重点介绍埃米利亚诺·

德·克里斯托法罗(Emiliano De Cristofaro)等人基于 RSA 公开密钥算法提出的算术电路上保护隐私的集合交集协议、基于认证的保护隐私的集合交集协议和保护隐私的集合交集基数协议,董长宇(C. Y. Dong)等人基于 XOR 秘密共享技术和不经意传输协议设计的保护隐私的集合交集运算协议。我们还使用 XOR 秘密共享和 GM 加密方案设计了保护隐私的集合交集外包计算协议。

6.1 CT 保护隐私的集合交集协议

克里斯托法罗等人基于 RSA 公开密钥算法提出了半诚实模型下保护隐私的集合交集协议。该协议解决的问题如下:客户商和服务器是协议的两个参与者,他们分别拥有隐私集合 $c = \{c_1, c_2, \cdots c_v\}$ 和 $s = \{s_1, s_2, \cdots s_w\}$,两个参与者通过协议交互计算如下功能函数,并要求计算结束后,参与者都无法得知除了计算结果以外的对方输入集合中的信息

$$f(s,c) = (f_1(s,c), f_2(s,c)) = (\Lambda, s \cap c)$$

也就是说,计算结束后只有客户端可以获得输入集合的交集信息,服务器没有任何输出。

6.1.1 协议描述

本节协议使用的符号定义如下: τ 代表系统安全参数; $H()$ 代表散列函数; hc_i, hs_i 分别代表 $H(c_i), H(s_i)$; $H'()$ 代表安全散列算法,该散列算法实现了的功能函数为 $H': \{0,1\}^* \rightarrow \{0,1\}^\tau$; RSA 公开密钥算法中的公钥为 (n,e) ,私钥为 d 。

表 6 - 1　CT 保护隐私的集合交集协议

参与者:客户端,服务器

系统参数:(n,e), $H(\ )$, $H'(\ )$

客户端输入信息:$C = \{hc_1,\cdots,hc_v\}$

服务器输入信息:d, $S = \{hs_1,\cdots,hs_w\}$

离线阶段:

对于 $j = 1,2,\cdots w$,服务器计算

$$K_{s;j} = (hs_j)^d \bmod n$$

$$t_j = H'(K_{s;j})$$

对于 $i = 1,2,\cdots v$,客户端从 $\mathbb{Z}_n^*$ 中选择随机数 $R_{c;i}$,然后计算

$$y_i = hc_i \cdot (R_{c;i})^e \bmod n$$

在线阶段:

步骤 1:客户端给服务器发送 $\{y_1,\cdots,y_v\}$

步骤 2:对于 $i = 1,2,\cdots v$,服务器依次计算 $y'_i = (y_i)^d \bmod n$

步骤 3:服务器给客户端发送 $\{y'_1,\cdots,y'_v\}$, $\{t_1,\cdots,t_w\}$

步骤 4:对于 $i = 1,2,\cdots v$,客户端依次计算

$$K_{c;i} = y'_i \ / \ R_{c;i}$$

$$t'_i = H'(K_{c;i})$$

步骤 5:客户端得到输出结果 $\{t'_1,\cdots,t'_v\} \cap \{t_1,\cdots,t_w\}$

如图 6 - 1 所示,CT 保护隐私的集合交集协议在随机预言模型下,可以抵抗半诚实参与者存在的"攻击"行为。该协议的的通信复杂度为 $O(v + w)$,客户端的计算复杂度为 $O(v)$,服务器端在离线阶段的计算复杂度为 $O(w)$,服务器在线阶段的计算复杂度为 $O(v)$。

6.2　基于认证的保护隐私的集合交集协议

即使是恶意模型下安全的保护隐私的集合交集协议,也无法抵抗参与者在协议开始就提供虚假的输入集合。这种情况下,如果客户端"宣称"他

的输入集合是全集 U，通过保护隐私的集合交集协议，客户端可以得到服务器的输入秘密集合的全部内容。显然，这样的协议无法保护服务器的隐私信息。通过使用可信认证机构对客户端的输入集合进行认证可以有效地解决这个问题。这里，可信认证机构无须在协议进行时参与到协议中，只需要在协议进行之前或者说在离线阶段完成认证即可。本节介绍克里斯托法罗等人设计的基于认证的保护隐私的集合交集协议，如表 6 - 2 所示。表 6 - 2 中的协议假设对于客户端的输入集合 $C = \{c_1, \cdots, c_v\}$，可信认证机构使用 RSA 公开密钥算法已经完成了认证，并给客户端发送了认证信息 $C_\sigma = \{\sigma_1, \cdots, \sigma_v\}$。

表 6 - 2　基于认证的保护隐私的集合交集协议

参与者：客户端，服务器

系统参数：(N, e, g, H, H')。其中，(N, e) 是 RSA 公开密钥算法中的参数，g 是 Z_N^* 上的一个随机元素，H, H' 是两个哈希函数

客户端输入信息：秘密集合 $C = \{c_1, \cdots, c_v\}$ 和认证信息 $C_\sigma = \{\sigma_1, \cdots, \sigma_v\}$，其中 $\sigma_i = H(c_i)^d \bmod N$ 是认证机构对客户端输入数据的认证

服务器输入信息：$S = \{s_1, \cdots, s_w\}$

离线阶段：

服务器在离线阶段计算 $\{\hat{s}_1, \cdots, \hat{s}_w\} \leftarrow \Pi(S)$，其中 Π 是随机置换算法。服务器产生随机数 $R_s \leftarrow [1 .. \lfloor \sqrt{N}/2 \rfloor]$。对于 $1 \leqslant j \leqslant w$，服务器依次计算 $ks_j = H(\hat{s}_j)^{2R_s}$ 和 $ts_j = H'(ks_j)$

在线阶段：

步骤 1：服务器给客户端发送 $\{ts_1, \cdots, ts_w\}$

步骤 2：对于 $1 \leqslant i \leqslant v$，客户端依次计算 $R_{c:i} \leftarrow [1 .. \lfloor \sqrt{N}/2 \rfloor]$，$a_i = \sigma_i \cdot g^{R_{c:i}}$。客户端给服务器发送 $\{a_1, \cdots, a_v\}$

步骤 3：服务器计算 $Y = g^{2eR_s}$。对于 $1 \leqslant i \leqslant v$，服务器依次计算 $a'_i = (a_i)^{2eR_s}$。服务器将 Y，$\{a'_1, \cdots, a'_v\}$ 发送给客户端

步骤 4：对于 $1 < i < v$，客户端依次计算 $tc_i = H'(a'_i \cdot Y^{-R_{c:i}})$。客户端输出计算结果 $\{\{ts_1, \cdots, ts_w\} \cap \{tc_1, \cdots, tc_v\}\}$

6.3　保护隐私的集合交集基数协议

保护隐私的集合运算协议的安全性目的是尽可能少泄露参与者的秘密输入集合。过去对保护隐私集合运算的研究主要集中于求解集合交集或并集时的隐私保护。但是有些应用场景下,参与者们可能并不需要得知交集和并集的具体内容,只需要知道交集或并集的基数,即交集或并集的大小。

保护隐私的集合交集基数协议(Private Set Intersection Cardinality,PSI – CA)用于解决下列问题:两个参与者客户端和服务器分别拥有隐私集合 $C = \{c_1, c_2, \cdots c_v\}$ 和 $S = \{s_1, s_2, \cdots s_w\}$,两个参与者通过协议交互计算如下功能函数

$$f(S,C) = (f_1(S,C), f_2(S,C)) = (\Lambda, | S \cap C |)$$

即计算结束后,客户端得到两个输入隐私集合交集的基数,服务器端没有输出信息。从安全性角度看,计算结束后参与者都无法得知除了计算结果以外的对方输入集合中的信息。

事实上,通过保护隐私的集合交集基数协议,我们可以很容易实现保护隐私的集合并集基数协议,因为参与者输入秘密集合的基数通常是可以公开的,即已知 $|S|$, $|C|$, $|S \cap C|$,我们可以通过 $|S| + |C| - |S \cap C|$ 计算得到并集基数的大小。

拉凯什·阿格拉沃尔(Rakesh Agrawal)等人基于可交换加密技术提出了保护隐私的集合交集协议,然后基于该协议实现了 PSI – CA 方案。DDH假设下,该方案在半诚实模型中是安全的。苏珊·霍恩贝格尔(Susan Hohenberger)等人基于迈克尔·弗里德曼(Michael Freedman)等人的 PSI 方案提出了 PSI – CA 协议,该协议的计算复杂度为 $O(w \log\log v)$,通信复杂度为

$O(w + v)$。基斯纳(L. Kissner)等人提出的 PSI – CA 协议实现了多个参与者 $(n \geq 2)$ 的秘密计算,该协议的计算复杂度为 $O(v^2)$,通信复杂度为 $O(n^2 v)$。杰德普·维迪雅(Jaideep Vaidya)等人提出的 PSI – CA 协议也适用于多个参与者的情况,该协议的轮复杂度为 $O(n)$,计算复杂度为 $O(nv)$,通信复杂度为 $O(n^2 v)$。克里斯托法罗等人提出的 PSI – CA 协议中,参与者的计算复杂度、通信复杂度都跟输入集合的基数成线性关系,因此协议效率较高;从安全性角度看,在 DDH 假设成立的情况下,该协议在随机预言模型下可以抵抗半诚实敌手的攻击。表 6 – 3 介绍克里斯托法罗等人的方案。

表 6 – 3　保护隐私的集合交集基数协议

参与者:客户端,服务器 系统参数:(p,q,g,H,H')。其中,p,q 是两个大素数,满足 $q \mid p - 1$,g 是大小为 q 的子群的生成元,H,H' 是两个哈希函数 客户端输入信息:$C = \{c_1, \cdots, c_v\}$ 服务器输入信息:$S = \{s_1, \cdots, s_w\}$
离线阶段: 步骤1:服务器在离线阶段计算 $\{\hat{s}_1, \cdots, \hat{s}_w\} \leftarrow \Pi(S)$,其中 Π 是随机置换算法。服务器产生随机数 $R_s \leftarrow \mathbb{Z}_q$ 和 $R'_s \leftarrow \mathbb{Z}_q$,计算 $Y = g^{R_s}$。对于 $1 \leq j \leq w$,服务器依次计算 $ks_j = H(\hat{s}_j)^{R'_s}$ 步骤2:客户端产生随机数 $R_c \leftarrow \mathbb{Z}_q$ 和 $R'_c \leftarrow \mathbb{Z}_q$,并计算 $X = g^{R_c}$。对于 $1 < i < v$,客户端依次计算 $a_i = H(c_i)^{R'_c}$ 在线阶段: 步骤1:客户端给服务器发送 X 和 $\{a_1, \cdots, a_v\}$ 步骤2:对于 $1 \leq i \leq v$,服务器依次计算 $a'_i = (a_i)^{R'_s}$。然后,服务器使用随机置换算法计算 $(a'_{l_1}, \cdots, a'_{l_v}) = \Pi(a'_1, \cdots, a'_v)$。对于 $1 \leq j \leq w$,服务器依次计算 $ts_j = H'(X^{R_s} \cdot ks_j)$。服务器给客户端发送 Y,$\{a'_{l_1}, \cdots, a'_{l_v}\}$ 和 $\{ts_1, \cdots, ts_w\}$ 步骤3:对于 $1 < i < v$,客户端依次计算 $tc_{l_i} = H'((Y^{R_c})(a'_{l_i})^{1/R'_c})$。客户端输出计算结果 $\vert \{ts_1, \cdots, ts_w\} \cap \{tc_{l_1}, \cdots, tc_{l_2}\} \vert$

6.4　DCW 保护隐私的集合交集协议

2013 年 CCS 大会上,董长宇(C. Y. Dong)等人使用秘密共享技术和不经意传输协议设计了基于布隆过滤器的保护隐私的集合交集运算协议,其协议设计思路非常巧妙,本节将对该协议进行详细介绍。

布隆过滤器已经多次被应用到密码学技术中。史蒂文·迈克尔·贝拉文(Steven Michael Bellovin)等人和吴耀仁(Eu – Jin Goh)分别使用布隆过滤器设计了安全关键字搜索协议,该协议中的参与者 P_1 持有文献,参与者 P_2 持有多个关键字,P_1 和 P_2 通过执行协议可以判断关键字是否在文献中,同时协议结束后 P_1 无法获知 P_2 所查询的关键字信息,P_2 无法获知除了计算结果之外的 P_1 文献中的其他信息。野岛(Ryo Nojima)等人提出了一个交互式的安全元素查询协议,该协议中的参与者 P_1 拥有布隆过滤器,参与者 P_2 持有某个元素,P_1 和 P_2 通过执行协议可以判断元素是否在布隆过滤器对应的集合中,同时协议结束后 P_1 无法获知 P_2 所查询的元素信息,P_2 无法获知除了计算结果之外的 P_1 布隆过滤器中的其他信息。科斯鲍姆(Florian Kerschbaum)使用零知识证明实现了查询一个元素是否在一个公钥加密的布隆过滤器中,该协议中的参与者 P_1 持有使用公钥加密的布隆过滤器,参与者 P_2 持有某个元素,P_1 和 P_2 通过执行协议可以判断元素是否在布隆过滤器对应的集合中,同时协议结束后 P_2 无法获知除了计算结果之外的 P_1 布隆过滤器中的其他信息,然而 P_1 可以获知 P_2 所查询的元素信息。

6.4.1　协议描述

下面介绍董长宇等人提出的半诚实模型下的 DCW 保护隐私的集合交

集协议。DCW 保护隐私的集合交集协议的设计原理是对于集合 S 和集合 C，如果元素 $x \in S \cap C$，则必定满足 $x \in C$。因此我们可以构造集合 $S \cap C$ 对应的布隆过滤器，然后由其中一个参与者依次检验其秘密集合中的每一个元素是否在 $S \cap C$ 对应的布隆过滤器中。现在的问题是如何得到交集对应的布隆过滤器，同时不泄露双方输入的隐私集合。董长宇等人使用了 XOR – 秘密共享算法实现了混淆布隆过滤器，然后通过随机数干扰和不经意传输协议实现了构造不泄露双方隐私集合的交集布隆过滤器。本书第 4 章详细介绍了 XOR – 秘密共享算法和不经意传输技术，建议读者首先学习这些章节的内容。

下面我们描述要解决的问题。两个参与者 P_1，P_2 分别拥有隐私集合 $S = \{s_1, s_2, \cdots s_t\}$ 和 $C = \{c_1, c_2, \cdots c_w\}$。保护隐私的集合交集问题是指两个参与者计算功能函数 $f(S, C) = (f_1(S, C), f_2(S, C)) = (\Lambda, I) = (\Lambda, S \cap C)$，计算结束后，参与者 P_1 的输出为空，参与者 P_2 获得 $f(S, C)$，但是参与者无法获知对方隐私集合中的其他信息。DCW 方案中的系统参数包括：安全参数 λ，布隆过滤器的参数 m, n, k, H。这里设置 $k = \lambda$，两个隐私输入集合的大小满足 $t \leqslant n, w \leqslant n$。

6.4.1.1 参与者 P_1 构建混淆布隆过滤器 GBF_S

首先，参与者 P_1 将根据自己的输入集合 S 构建混淆布隆过滤器 $(m, n, k, H) – GBF_S$，如表 6 – 4 所示。混淆布隆过滤器的构建原理：对于要插入的数据 x，我们使用 XOR 秘密共享算法将 x 的 k 个子秘密存放在 x 的 k 个哈希函数所映射到的 GBF_S 的位置上。

表 6 – 4　混淆布隆过滤器的构建方法

参与者：P_1
系统参数：m, n, k, H
输入信息：集合 S
输出信息：$(m, n, k, H) – GBF_S$

续表

步骤 1：P_1 创建一个包含 m 个比特得数组 GBF_S，并将数组中的每一位置为 $NULL$

步骤 2：对于 S 中的每一个元素 x，首先设置中间变量 $emptySlot = -1$，$finalShare = x$。对于 $i = 0, 1, \cdots, k-1$，依次执行如下计算：计算 $j = h_i(x)$，如果数组 GBF_S 中的第 j 个位置的值为 $NULL$ 并且 $emptySlot = -1$，则设置 $emptySlot = j$；如果 GBF_S 中的第 j 个位置的值为 $NULL$ 并且 $emptySlot \neq -1$，则设置 $GBF_S[j] \xleftarrow{r} \{0,1\}^{\lambda}$，$finalShare = finalShare \oplus GBF_S[j]$；如果数组 GBF_S 中的第 j 个位置的值不为 $NULL$，则设置 $finalShare = finalShare \oplus GBF_S[j]$ 设置 $GBF_S[emptySlot] = finalShare$

步骤 3：对于 $i = 0, 1, \cdots, m-1$，如果 $GBF[i] == NULL$，则设置 $GBF_S[i] \xleftarrow{r} \{0,1\}^{\lambda}$

例如，假设 $S = \{9, 12\}$，$m = 10$，$n = 2$，$k = 3$。首先创建混淆布隆过滤器 GBF_S，如表 6-5 第 1 行所示。现在首先插入第一个元素 $x = 9$，假设 $h_0(9) = 1$，$h_1(9) = 3$，$h_2(9) = 6$，则插入元素 $x = 9$ 后的混淆布隆过滤器如表 6-5 第二行所示。现在首先插入第二个元素 $x = 12$，假设 $h_0(12) = 2$，$h_1(12) = 3$，$h_2(12) = 10$，则插入元素 $x = 12$ 后的混淆布隆过滤器如表 6-5 第三行所示。可以看出，第一个元素 $x = 9$ 经过哈希运算映射的位置上存放着 $GBF_S[h_0(9)] = GBF_S[1] = 0000$，$GBF_S[h_1(9)] = GBF_S[3] = 0001$，$GBF_S[h_2(9)] = GBF_S[6] = 1000$，这三个数据满足 $GBF_S[h_0(9)] \oplus GBF_S[h_1(9)] \oplus GBF_S[h_2(9)] = 9 = x$。第二个元素 $x = 12$ 经过哈希运算映射的位置上存放着 $GBF_S[h_0(12)] = GBF_S[2] = 1110$，$GBF_S[h_1(12)] = GBF_S[3] = 0001$，$GBF_S[h_2(9)] = GBF_S[10] = 0011$，这三个数据满足 $GBF_S[h_0(12)] \oplus GBF_S[h_1(12)] \oplus GBF_S[h_2(12)] = 12 = x$。最后，$P_1$ 将 GBF_S 中的无效值 $NULL$ 替换为随机数，如表 6-5 第四行所示。

表 6 – 5　混淆布隆过滤器 GBF_S

NULL	*NULL*	*NULL*	*NULL*	*NULL*	*NULL*	*NULL*	*NULL*	*NULL*	*NULL*
0000	*NULL*	0001	*NULL*	*NULL*	1000	*NULL*	*NULL*	*NULL*	*NULL*
0000	1110	0001	*NULL*	*NULL*	1000	*NULL*	*NULL*	*NULL*	0011
0000	1110	0001	1111	1010	1000	0101	1110	0110	0011

6.4.1.2　参与者 P_2 构建布隆过滤器 BF_c

参与者 P_2 将根据自己的输入集合 C 构建布隆过滤器 (m,n,k,H) – GBF_c。我们继续介绍上一个步骤中的例子，假设 $C = \{1,9,12\}, m = 10$，$n = 2, k = 3$；$h_0(1) = 4, h_1(1) = 5, h_2(1) = 8$。$P_2$ 构建的布隆过滤器 BF_c 如表 6 – 6 所示。

表 6 – 6　布隆过滤器 BF_c

1	1	1	1	1	1	0	1	0	1

6.4.1.3　P_1 和 P_2 执行不经意传输协议

P_1 和 P_2 执行不经意传输协议。其中，P_2 作为数据接收者，其输入的选择字符串为 BF_c 中的 m 个比特位；P_1 作为数据发送者，其输入数据为 m 对数据 $(x_{i,0}, x_{i,1})$，$x_{i,0}$ 是长度为 λ 的随机字符串，$x_{i,1}$ 是 $GBF_s[i]$。对于 $0 \leqslant i \leqslant m - 1$，如果 $BF_c[i] = 0$，则 P_2 接收到数据是随机字符串 $x_{i,0}$；如果 $BF_c[i] = 1$，则 P_2 接收到数据是 $GBF_s[i]$。不经意传输协议结束后，P_2 收到的数组记作 $GBF_{c\cap s}$。

我们继续介绍上一个步骤中的例子，此时 P_2 的输入字符串为 1111110101，假设 P_1 输入的数据为 SP_1，SP_1 中每个数据对的第一个数据为随机数。

$$SP_1 = \{(1111,0000),(1111,1110),(1111,0001),(1111,1111),(1111,1010),$$

$$(1111,1000),(1111,0101),(1111,1110),(1111,0110),(1111,0011)\}$$

协议结束后 P_2 得到

$$GBF_{C\cap S} = \{0000,1110,0001,1111,1010,1000,1111,1110,1111,0011\}。$$

6.4.1.4　P_2 查询交集混淆布隆过滤器

对于 P_2 输入集合中的每一个元素，P_2 依次调用混淆布隆过滤器查询算法检验该元素是否属于集合的交集。混淆布隆过滤器查询算法算法如表 6 − 7 所示。

表 6 − 7　混淆布隆过滤器查询算法

参与者：P_2

系统参数：m,n,k,H

输入信息：$GBF_{C\cap S}$，元素 x

输出信息：$f(GBF_{C\cap S},x) = \begin{cases} true, x \in S \\ false, x \notin S \end{cases}$

步骤 1：P_2 创建中间变量 $recovered = \{0\}^{\lambda}$

步骤 2：对于 $i = 0,1,\cdots,k-1$，P_2 计算中间变量 $j = h_i(x)$，$recovered = recovered \oplus GBF_{C\cap S}[j]$

步骤 3：如果 $recovered = x$，则算法输出 $true$，否则算法输出 $false$

我们继续介绍上一个步骤中的例子。对于 C 中的第一个元素 $x = 1$，P_2 计算

$$recovered = GBF_{C\cap S}[4] \oplus GBF_{C\cap S}[5] \oplus GBF_{C\cap S}[8] = 11$$

由于 $recovered \neq x$，因此 $1 \notin C \cap S$。

对于 C 中的第二个元素 $x = 9$，P_2 计算

$$recovered = GBF_{C\cap S}[1] \oplus GBF_{C\cap S}[3] \oplus GBF_{C\cap S}[6] = 9$$

由于 $recovered = x$，因此 $9 \in C \cap S$。

对于 C 中的第三个元素 $x = 12$，P_2 计算

$$recovered = GBF_{C \cap S}[2] \oplus GBF_{C \cap S}[3] \oplus GBF_{C \cap S}[10] = 12$$

由于 $recovered = x$,因此 $12 \in C \cap S$ 。至此,P_2 得到交集 $I = \{9,12\}$ 。

6.4.2 安全性分析

【定理 6-1】令 C , S 分别代表两个参与者输入的秘密集合,$f_\cap$ 代表求解集合交集的功能函数,其定义为 $f_\cap(C,S) = (f_C(C,S), f_S(C,S)) = (C \cap S, \Lambda)$ 。假设底层不经意传输协议在半诚实模型下是安全的,则上节提出的 DCW 保护隐私的集合交集协议 $\pi_\cap$ 在存在半诚实参与者的情况下安全地计算了 $f_\cap$ 。

证明:为了方便起见,我们称参与者 P_1 为服务器,参与者 P_2 为客户端。下面分别从服务器视图和参与者视图两个角度进行安全性分析。

(1)服务器视图。下面分析服务器被攻击的情况。首先创建一个模拟器 Sim_S 。该模拟器接收服务器的输入、输出信息并产生服务器在协议过程中产生的视图。给定服务器的输入集合 S , Sim_S 选择服从均匀分布的随机掷币 r^{Sim} ,并产生集合 S 对应的混淆布隆过滤器 GBF_S 。由于我们假设底层不经意传输协议在半诚实模型下是安全的,因此 Sim_S 可以直接调用不经意传输协议中发送方的模拟器 Sim_{snd}^{OT} 。最后, Sim_S 输出模拟视图 $view_{sim_S}^{\pi_\cap} = (S, r^{Sim}, Sim_{snd}^{OT}(GBF_S, \Lambda))$ 。

服务器在真实环境下执行协议 $\pi_\cap$ 执行过程中,其视图为

$$view_s^{\pi_\cap} = \{S, r^s, view_s^{OT}\}$$

模拟视图中的输入集合 S 和真实环境中的输入集合 S 是相同的, r^{Sim} 和 r^s 都服从统一均匀分布,由于假设不经意传输协议在半诚实模型下是安全的,因此模拟视图中的 $Sim_{snd}^{OT}(GBF_S, \Lambda)$ 和 $view_s^{OT}$ 就有不可区分性。综上所述

$$view_{sim_s}^{\pi_\cap} \stackrel{C}{\equiv} view_s^{\pi_\cap}$$

（2）参与者视图。下面分析客户端被攻击的情况。在协议 π 执行过程中，参与者的视图为

$$view_C^{\pi_\cap} = \{C, r^C, GBF_{C\cap S}, view_C^{OT}\}$$

下面创建模拟器 Sim_C，Sim_C 接收客户端的输入信息 C 和输出 $C \cap S$，并模拟客户端在协议执行过程中的行为。首先，Sim_C 产生服从均匀分布的随机掷币 r^{Sim}，生成集合 C 对应的布隆过滤器 BF_C，然后利用表 $6-4$ 所示的混淆布隆过滤器的构建算法利用集合 $C \cap S$ 生成混淆布隆过滤器 $GBF_{C\cap S}^{Sim}$。由于我们假设底层不经意传输协议在半诚实模型下是安全的，因此 Sim_C 可以直接调用不经意传输协议中接收方的模拟器 Sim_{rec}^{OT}。最后，Sim_C 输出模拟视图

$$view_{sim_C}^{\pi_\cap} = (C, r^{Sim}, GBF_{C\cap S}^{Sim}, Sim_{rec}^{OT}(BF_C, GBF_{C\cap S}))$$

模拟视图中的输入集合 C 和真实环境中的输入集合 C 是相同的，r^{Sim} 和 r^C 都服从统一均匀分布。$GBF_{C\cap S}^{Sim}$ 和 $GBF_{C\cap S}$ 具有不可区分性，感兴趣的读者可以直接查阅董长宇等人的文章。由于假设不经意传输协议在半诚实模型下是安全的，因此模拟视图中的 $Sim_{rec}^{OT}(BF_C, GBF_{C\cap S})$ 和 $view_C^{OT}$ 就有不可区分性。综上所述

$$view_{sim_C}^{\pi_\cap} \stackrel{C}{\equiv} view_C^{\pi_\cap}$$

得证。

6.4.3　恶意模型下的协议

上一节中介绍的 DCW 保护隐私的集合交集协议在半诚实模型下是安全的，本节将上述协议的安全模型进行扩展，介绍如何实现恶意模型下的

保护隐私集合交集协议。

参与者 P_1 的输入信息为隐私集合 $S = \{s_1, s_2, \cdots s_t\}$，$P_2$ 的输入信息为隐私集合 $C = \{c_1, c_2, \cdots c_w\}$。系统参数包括安全参数 λ，安全分组密码 E，布隆过滤器的参数 m, n, k, H。这里设置 $k = \lambda$，$m = 2kn$，$H = \{h_0, \cdots, h_{k-1}\}$，两个隐私输入集合的大小满足 $t \leqslant n, w \leqslant n$。

首先，P_2 构造集合 C 对应的布隆过滤器 BF_C，然后产生 m 个 λ 比特的随机字符串 $r_0, \cdots, r_{m-1}$ 并将这些字符串发送给 P_1。

P_1 根据集合 S 构造混淆布隆过滤器 GBF_S。然后，P_1 随机选择分组密码 E 的密钥 sk。对于 $0 \leqslant i \leqslant m-1$，$P_1$ 计算 $c_i = E(sk, r_i \| GBF_S[i])$。最后，$P_1$ 使用 $(m/2, m)$ 门限秘密共享算法为密钥 sk 生成 m 个子秘密 $(t_0, \cdots, t_{m-1})$。

P_1 和 P_2 一起调用抵抗恶意攻击者的不经意传输协议。其中，P_2 作为数据接收者并使用 BF_C 作为选择字符串，P_1 作为数据发送者并以 (t_i, c_i) 作为待发送的数据，其中 $0 \leqslant i \leqslant m-1$。在不经意传输协议执行过程中，如果 $BF_C[i] = 1$，则 P_2 接收到 c_i，否则 P_2 接收到 t_i。

P_2 利用不经意传输阶段收到的 sk 的子秘密恢复出 sk，然后按照下列步骤得到混淆布隆过滤器 $GBF_{C \cap S}$：对于 $0 \leqslant i \leqslant m-1$，如果 $BF_C[i] = 0$，则 $GBF_{C \cap S}[i] \xleftarrow{r} \{0,1\}^{\lambda}$；如果 $BF_C[i] = 1$，则使用密钥 sk 解密 c_i，得到 $d_i = E^{-1}(sk, c_i)$。P_2 检验 d_i 的前 λ 位是否等于 r_i，如果相等则将 d_i 的后 λ 比特信息赋值给 $GBF_{C \cap S}[i]$；如果不相等，则中止协议。最后，对于 P_2 输入集合中的每一个元素，P_2 依次调用混淆布隆过滤器查询算法检验该元素是否属于集合的交集。

6.5 保护隐私的集合交集外包计算协议

随着云计算等技术的发展，数据外包成为一种趋势，如果参与者的秘密集合被外包给云计算服务提供商,能否借助云计算提供商的计算能力完成外包集合的交集运算?

本节按照数据外包—外包计算—结果查询三个阶段设计集合交集的安全外包协议,本协议使用第 3 章中介绍的外包计算模型。

本协议使用如下符号: P 代表全体参与者, P_i 代表第 i 个参与者, m 代表参与者的数量。参与者 P_i 的秘密集合为 S_i , S_i 的大小用 $|S_i|$ 表示。 GF_i 代表参与者 P_i 的布隆过滤器集合, $GF_i(j)$ 代表布隆过滤器集合中的第 j 个元素。布隆过滤器中元素的个数为 t ,形成布隆过滤器的过程中使用的哈希函数的个数为 k 。 CGF_i 代表参与者 P_i 的布隆过滤器集合对应的密文。 XOR – 秘密共享中密文长度为 n 。 l 为 GM 加密算法中密文的长度。

6.5.1　协议描述

6.5.1.1　数据外包

数据外包阶段,参与者根据自己的秘密集合生成相应的布隆过滤器集合,为了降低假阳性错误发生的概率,参与者在形成布隆过滤器集合时使用 XOR – 秘密共享将其秘密集合中的数据分享到布隆过滤器集合的 k 个元素中,而这 k 个元素的位置是由哈希运算得到的。为了实现隐私保护,参与者使用 GM 算法对各自的布隆过滤器集合执行加密操作,然后再发送给 $Server$ 。

表 6 – 8　数据外包协议

参与者: P_i 输入数据: P_i 输入集合 S_i 系统参数: k 个哈希函数 $hash_i$ ($i = 1,2,\cdots,k$)

```
for( j = 0;j < t;j + + )
    BF_i(j) = NULL; //初始化状态下,参与者布隆过滤器集合为空
for( j = 0;j < | S_i | ;j + + )
{
    π = NULL;
    for( δ = 0;δ < k;δ + + )
    {
        if( BF_i(hash_δ(S_i(j))) = = NULL )
        {
            π = hash_δ(S_i(j));
            BF_i(hash_δ(S_i(j))) = Random(0,1)^n; //产生长度为 n 的随机数;
        }
        if( π = = NULL )
            Return error1; //产生错误
        else
BF_i(π) = S_i(j) ⊕ BF_i(hash_1(S_i(j))) ⊕ BF_i(hash_2(S_i(j))) ⊕ ⋯ ⊕ BF_i(hash_k(S_i(j)))
    }
}
ε = 0;
for( j = 0;j < t;j + + )
{
    if( BF_i(j) = = NULL )
    BF_i(j) = Random(0,1)^n;
    for( μ = 0;μ < n;μ + + )
    {
        ε = ε + 1;
        CBF_i(ε) = Enc(BF_i(j)_μ); // BF_i(j)_μ 代表 BF_i(j) //中的第 μ 比特;
    }
}
```

上述计算结束后,参与者 P_i 得到加密布隆过滤器集合 CBF_i , P_i 需要将 CBF_i 发送给 $Server$,完成数据的外包。

6.5.1.2 外包计算

上一阶段结束后, $Server$ 收到所有参与者发送的加密布隆过滤器集合 $CBF_i(i = 0,1,\cdots,m)$ 。 $Server$ 在外包计算阶段执行如下操作

$$for(\ j = 0;j < tn;j + +\ )$$

$$CBF(j)\ =\ \prod_{i=0}^{m} CBF_i(j)$$

6.5.1.3 结果查询

在结果查询阶段,参与者可以通过一次查询一个或多个数据是否在交集中。

表 6 - 9   结果查询

参与者: P_i , $Server$
输入数据: P_i 输入查询集合 $Q = \{q_1,q_2,\cdots,q_\tau\}$; $Server$ 输入交集 I 的加密布隆过滤器集合 CBF
输出数据: P_i 得到查询结果 $R = \{r_1,r_2,\cdots,r_\tau\}$ 。如果 $r_i = 1$ 说明数据 $q_i \in I$;否则 $q_i \notin I$

步骤 1: $Server$ 按照如下步骤生成随机布隆过滤器集合 RBF 和布隆过滤器集合对 PBF 。
for($j = 0;j < tn;j + +$)
\{ $RBF(j) = Random\ (0,1)^l$;
$PBF(i) = (RBF(j),CBF(j))$;
\}
 	
步骤 2: P_i 根据查询集合 Q 生成查询布隆过滤器集合 QBF
for($j = 0;j < tn;j + +$)
$QBF(j) = 0$;
　for($j = 0;j < Q;j + +$)
　\{ for($\delta = 0;\delta < k;\delta + +$)
　　\{ $QBF(hash_\delta(q_j)) = 1$; \}
　\}

步骤 3：P_i 和 $Server$ 执行扩展不经意传输协议 OT_l^τ。其中，P_i 的角色为接收者，$Server$ 的角色为发送者。P_i 的输入为 QBF，$Server$ 的输入为 PBF。不经意传输协议结束后，P_i 得到集合 ABF。当 $QBF(j) = 0$ 时，$ABF(j) = RBF(j)$；当 $QBF(j) = 1$ 时，$ABF(j) = CBF(j)$

步骤 4：P_i 按照如下步骤验证 Q 中的每一个元素是否属于交集

for($j = 0; j < \tau; j++$)

{ $\pi = \{0\}^n$;

  for($\delta = 0; \delta < k; \delta++$)

    { $\pi = \pi \oplus Dec(ABF(hash_\delta(q_j)))$; }

  if(m(mod2) == 0)

    {   if($\pi == \{0\}^n$)

        $r_j = 1$;

      else

        $r_j = 0$;

    }

    else

  { if($\pi == q_j$)

    $r_j = 1$;

   else

    $r_j = 0$;

    }

}

6.5.2 协议分析

本节对协议的正确性、错误概率、安全性和性能进行分析。

6.5.2.1 正确性分析

【定理 6-2】当参与者可以成功构造布隆过滤器时，本节提出的集合交集安全外包协议是正确的。

证明：$\forall q \in I$，则对于 $i = 1, 2, \cdots, m$，满足

$$q \in S_i \text{ 且 } \oplus_{j=0}^{k-1} BF_i(hash_j(q)) = q \qquad （公式 6-1）$$

由于 GM 算法具有异或同态性，因此对于 $j = 0, 1, \cdots, k-1$，满足

$$CBF(hash_j(q)) = Enc(\oplus_{i=1}^{m} BF_i(hash_j(q))) \qquad （公式 6-2）$$

当参与者查询数据 q 是否在集合交集中时，对于 $j = 0, 1, \cdots, k-1$，满足

$$QBF(hash_j(q)) = 1 \qquad （公式 6-3）$$

因此参与者利用扩展不经意传输协议得到的集合 ABF 满足

$$ABF(hash_j(q)) = CBF(hash_j(q)) \qquad （公式 6-4）$$

由公式 6-2 和公式 6-4 可知

$$Dec(ABF(hash_j(q))) = \oplus_{i=1}^{m} BF_i(hash_j(q)) \qquad （公式 6-5）$$

因此

$$
\begin{aligned}
\pi &= \oplus_{\delta=0}^{k-1} Dec(ABF(hash_\delta(q))) \\
&= \oplus_{\delta=0}^{k-1} (\oplus_{i=1}^{m} BF_i(hash_\delta(q))) \\
&= \oplus_{i=1}^{m} (\oplus_{\delta=0}^{k-1} BF_i(hash_\delta(q))) \\
&= \oplus_1^m q \qquad （公式 6-6）
\end{aligned}
$$

所以，当 m 为偶数时，$\pi = \{0\}^n$；当 m 为奇数时，$\pi = q$。

同理，如果 $q \notin I$，则当 m 为偶数时，$\pi \neq \{0\}^n$；当 m 为奇数时，$\pi \neq q$。

得证。

6.5.2.2 错误概率分析

【定理 6-3】参与者 P_i 成功构建基于 XOR 秘密共享的布隆过滤器集合的概率

$$P = 1 - p_1^h \times \left(1 + O\left(\frac{h}{p_1}\sqrt{\frac{\ln t - h \ln p_1}{t}}\right)\right)$$

其中

$$p_1 = 1 - \left(1 - \frac{1}{t}\right)^{hash(|S_i|-1)}$$

证明:参与者 P_i 在构建基于 XOR 秘密共享的布隆过滤器集合时,无法将其秘密集合中的数据 x 映射到布隆过滤器集合上的充分必要条件是数据 x 经过 k 个哈希函数映射后得到的布隆过滤器集合中的 k 个位置均已被占用。而通用布隆过滤器发生假阳性验证的充分必要条件是数据 y 经过 k 个哈希函数映射后得到的布隆过滤器集合中的 k 个位置全部被设置为 1。因此,参与者 P_i 无法构造基于 XOR 秘密共享的布隆过滤器集合的概率和通用布隆过滤器集合发生假阳性错误的概率相同。由博斯(Prosenjit Bose)等人的文章可知,此时的概率 $p' = p_1^h \times \left(1 + O\left(\frac{h}{p_1}\sqrt{\frac{\ln t - h\ln p_1}{t}}\right)\right)$,其中

$p_1 = 1 - \left(1 - \frac{1}{t}\right)^{hash(|S_i|-1)}$。因此,参与者 P_i 成功构建基于 XOR 秘密共享

的布隆过滤器集合的概率 $P = 1 - p_1^h \times \left(1 + O\left(\frac{h}{p_1}\sqrt{\frac{\ln t - h\ln p_1}{t}}\right)\right)$。

得证。

【定理 6-4】参与方成功构建布隆过滤器之后,本节方案发生假阳性错误的概率为 $\left(\frac{1}{2}\right)^n$。

证明:$\forall x \notin I$,如果协议执行结果为 $x \in I$,则发生假阳性错误。考虑如下矩阵

$$Z = \begin{bmatrix} BF\_x_1^1 & BF\_x_1^2 & \cdots & BF\_x_1^k \\ BF\_x_2^1 & BF\_x_2^2 & \cdots & BF\_x_2^k \\ \vdots & \vdots & \ddots & \vdots \\ BF\_x_m^1 & BF\_x_m^2 & \cdots & BF\_x_m^k \end{bmatrix}$$

其中，$BF\_x_i^j = BF_i(hash_j(x))$ 。

如果参与者个数 m 为偶数，则 $\bigoplus_{i=1}^m (\bigoplus_{j=1}^k BF\_x_i^j) = \{0\}^n$ ，由协议的构造过程可知，此时的概率为 $\left(\dfrac{1}{2}\right)^n$ ；如果参与者个数 m 为奇数，则 $\bigoplus_{i=1}^m (\bigoplus_{j=1}^k BF\_x_i^j) = x$ ，由协议的构造过程可知，此时的概率也是 $\left(\dfrac{1}{2}\right)^n$ 。

综上所述，参与方成功构建布隆过滤器之后，本节方案发生假阳性错误的概率为 $\left(\dfrac{1}{2}\right)^n$ 。

得证。

6.5.2.3　安全性分析

【定理6-5】假设底层 GM 同态加密方案和 OT 协议在半诚实模型下是安全的，本节提出的集合交集安全外包协议在半诚实模型下安全地实现了参与者秘密集合的外包计算。

证明：本节提出的协议是非对称的，也就是说只有参与者获知结果，因此

$$f(S_1, S_2, \cdots, S_m, Q) \overset{def}{=} (f_P(S_1, S_2, \cdots, S_m, Q), f_S(S_1, S_2, \cdots, S_m))$$
$$\overset{def}{=} (f_P(S_1, S_2, \cdots, S_m, Q), \Lambda)$$

Λ 代表空字符串，π 代表本节提出的安全外包协议。下面分别从服务器视图和参与者视图两个角度进行安全性分析。

（1）服务器视图。首先分析服务器被攻击的情况。在协议 π 执行过程中，服务器的视图为

$$view_s^\pi(S_1, S_2, \cdots, S_m, Q) = \{\Lambda, r^s, CBF_1, CBF_2, \cdots, CBF_m, CBF, PBF, view_s^{OT}\}$$

其中 Λ 代表服务器输出的信息，$\{CBF_1, CBF_2, \cdots, CBF_m, CBF, PBF, view_s^{OT}\}$ 是服务器在协议执行过程中产生的信息视图。

下面创建模拟器 Sim_S。Sim_S 接收服务器的输出 Λ，并模拟服务器在协议执行过程中的行为。首先，Sim_S 产生均匀分布的随机掷币 r^{Sim}，并按照如下规则产生 $CBF'_1, CBF'_2, \cdots, CBF'_m$

$$\text{for}(\ i = 0; j < m; i++\ )$$

$$\text{for}(\ j = 0; j < t; j++\ )$$

$$CBF'_i(j) \leftarrow Enc(Random\ (0,1)^n)$$

然后，Sim_S 按照如下规则计算 CBF'

$$\text{for}(\ j = 0; j < t; j++\ )$$

$$CBF'(j) = \prod_{i=0}^{m} CBF'_i(j)$$

接下来，Sim_S 产生结果查询阶段的中间信息 PBF'

$$\text{for}(\ j = 0; j < t; j++\ )$$

$$PBF'(i) = (Random\ (0,1)^l, CBF'(j))$$

最后，Sim_S 以 PBF' 为输入，以 Λ 为输出模拟结果查询阶段的不经意传输协议，产生视图 $view_{Sim}^{OT}$。

整个协议模拟完成后，Sim_S 输出模拟视图

$$view_{sim_s}^{\pi} = \{\Lambda, r^{Sim}, CBF'_1, CBF'_2, \cdots, CBF'_m, CBF', PBF', view_{Sim}^{OT}\}$$

由于 r^{Sim} 和 r^s 是服从均匀分布的，因此

$$r^{Sim} \overset{c}{\equiv} r^s$$

由于假设 GM 加密方案在半诚实模型下是安全的，且 GM 方案加密时随机数的引入使得 GM 加密方案的密文具有不可区分性，因此

$$\{CBF'_1, CBF'_2, \cdots, CBF'_m, CBF', PBF'\} \overset{c}{\equiv} \{CBF_1, CBF_2, \cdots, CBF_m, CBF, PBF\}$$

在结果查询阶段对于不经意传输协议，Sim_S 的输入信息 PBF' 和服务器的输入信息 PBF 满足不可区分性，且假设底层 OT 协议在半诚实模型下

是安全的,因此

$$view_{Sim}^{OT\ c} \equiv view_{s}^{OT}$$

综上所述

$$view_{sim_s}^{\pi}(S_s,S_c)^c \equiv view_s^{\pi}$$

(2)参与者视图。下面分析参与者 P_1 被攻击的情况。在协议 π 执行过程中,参与者 P_1 的视图为

$$view_{P_1}^{\pi}(S_1,S_2,\cdots,S_m,Q) = \{S_1,Q,R,r^P,CBF_1,QBF,ABF,view_P^{OT}\}$$

其中 S_1 和 Q 是参与者 P_1 的输入信息,R 是 P_1 的输出信息,$\{r^P,CBF_1,QBF,ABF,view_P^{OT}\}$ 是 P_1 在协议执行过程中产生的信息视图。

下面创建模拟器 Sim_P ,Sim_P 接收 P_1 的输入信息 S_1 和输出信息 R ,并模拟 P_1 在协议执行过程中的行为。首先,Sim_P 产生均匀分布的随机掷币 r^{Sim} ,并根据输入信息 S_1 产生加密布隆过滤器集合 CBF'_1 。在结果查询阶段,Sim_P 以 Q 为输入产生查询布隆过滤器 QBF' 。下面,Sim_P 根据协议输出 R 模拟产生 ABF'

```
for( j = 0;j < t;j ++ )
    PABF(j) = NULL;
for( j = 0;j <| Q |;j ++ )
    { π = NULL;
        if( R(j) == 1 )
        {for( δ = 0;δ < k;δ ++ )
        {if( PABF_i(hash_δ(Q(j))) == NULL )
            { π = hash_δ(Q(j));
            PABF_i(hash_δ(Q(j))) = Random (0,1)^n;
            }
```

$$\}$$

$$PABF_i(\pi) = S_i(j) \oplus \left(\oplus_{\mu=1}^{k} PABF_i(hash_{\mu}(Q(j))) \right)$$

$$\}$$

$$\}$$

$$for(\ j = 0; j < t; j++ \ )$$

$$\{ \ if(\ PABF_i(j) = = NULL \ )$$

$$PABF_i(j) = Random \ (0,1)^n;$$

$$ABF'(j) = Enc(PABF_i(j));$$

$$\}$$

最后，Sim_P 以 QBF' 为输入，以 ABF' 为输出模拟结果查询阶段的不经意传输协议，产生视图 $view_{Sim}^{OT}$。

整个协议模拟完成后，Sim_P 输出模拟视图

$$view_{sim_P}^{\pi} = \{ S_1, Q, R, r^{Sim}, CBF'_1, QBF', ABF', view_{Sim}^{OT} \}$$

由于 r^{Sim} 和 r^P 是服从均匀分布的，因此

$$r^{Sim^c} \equiv r^P$$

由于假设 GM 加密方案在半诚实模型下是安全的，且 GM 方案加密时随机数的引入使得 GM 加密方案的密文具有不可区分性，因此

$$\{ CBF'_1, QBF', ABF' \} \stackrel{c}{\equiv} \{ CBF_1, QBF, ABF \}$$

在产生查询布隆过滤器的过程中，根据协议的步骤，当输入数据相同时会产生相同的查询布隆过滤器集合，因此 $QBF = QBF'$。

在结果查询阶段对于不经意传输协议，Sim_P 的输入信息 QBF' 和参与者的输入信息 QBF 相等，Sim_P 的输出信息 ABF' 和参与者的输入信息 ABF 满足不可区分性，且假设底层 OT 协议在半诚实模型下是安全的，因此

$$view_{Sim}^{OT} \stackrel{c}{\equiv} view_P^{OT}$$

综上所述

$$view_{sim_P}^{\pi} \stackrel{c}{\equiv} view_{P_1}^{\pi}$$

因此,半诚实模型下本节提出的协议是安全的。

得证。

6.5.2.4 性能分析

下面从计算复杂度和通信复杂度两个角度对本节的效率进行分析。

(1)计算复杂度。对于每个参与者 P_i,在数据外包阶段进行哈希运算 $k|S_i|$ 次,GM 加密运算 kn 次;在结果查询阶段,进行哈希运算 $k|Q_i|$ 次,OT_l^t 运算 1 次,GM 解密运算至多 $kn|Q_i|$ 次。对于服务器,在外包计算阶段共进行密文乘法运算 tmn 次;在结果查询阶段进行 OT_l^t 运算 1 次。

使用扩展 OT 技术实现 OT_l^t 时,接收者需要执行 2λ 次公钥运算和 $1.44hs$ 次哈希运算,发送者需要执行 λ 次公钥运算和 $1.44hs$ 次哈希运算。其中,λ 代表扩展 OT 协议的安全参数。使用 GM 算法时,加密运算需要执行 1 次模乘运算,解密运算需要执行 1 次模乘运算,密文的乘法运算需要进行 1 次模乘运算。因此,本节方案中参与者需要执行公钥算法 $kn + kn|Q_i| + 2\lambda$ 次,哈希运算 $1.44ks$ 次;服务器需要执行公钥算法 $tmn + \lambda$ 次,哈希运算 $k|S_i| + k|Q_i| + 1.44ks$ 次。

(2)通信复杂度。在数据外包阶段结束后,每个参与者发送 tl 比特数据给服务器,服务器共接收 tlm 比特数据。在结果查询阶段,参与者和服务器分别传输 $2\lambda t$ 比特数据。

7　保护隐私的集合并集运算

本章首先介绍贾斯廷·布里克尔（Justin Brickell）等人设计的经典保护隐私的集合并集协议，然后又分别设计了三个不同场景下的保护隐私的集合并集运算协议。第一个协议是在专门设计的集合并集布尔电路上使用 YAO 氏通用混淆电路估值技术实现的保护隐私的集合并集运算协议；第二个协议是在外包计算模式下基于集合的多项式根表示法使用 Pailliar 同态加密方案和拉格朗日多项式插值定理提出了一种保护隐私的集合并集外包计算协议；第三个协议是对第二个协议的推广，实现了保护隐私的集合门限并集外包计算协议。

7.1　BS 保护隐私的集合并集协议

保护隐私的集合并集问题是指参与者 P_1 和 P_2 分别拥有输入集合 S_1 和 S_2，S_1 和 S_2 均为有限全集 U 的子集，P_1 和 P_2 希望在不泄露各自隐私输入集合的前提下计算并集 $S = S_1 \cup S_2$，如不泄漏 $S_1 \cap S_2$ 的信息。我们使用以下符号表示集合的大小：$|S_1| = s_1$，$|S_2| = s_2$，$|S| = s$，$|U| = u$。

布里克尔等人使用迭代的思想设计了保护隐私的集合并集协议。该协议的基本思想是一次一个元素的构建集合 S。在协议开始之前，参与者

P_1 和 P_2 协商全集 U 上数据的排序,协商结束后, U 中每个元素均拥有一个长度为 $\lg u$ 比特的标识,这里假设 $u + 1$ 代表 ∞。

7.1.1　协议描述

【协议 7 – 1】BS 保护隐私的集合并集协议

步骤 1:令 $S = \varnothing$ 。

步骤 2: P_1 选择 S_1 中最小的元素 m_1 ,如果 $S_1 = \varnothing$,设置 $m_1 = \infty$。同样的方法, P_2 选择 m_2 。

步骤 3:利用百万富翁协议, P_1 和 P_2 分别获知 $m = min(m_1, m_2)$ 。

步骤 4:如果 $m = \infty$,则停止运算,并返回 S 。否则,计算 $S = S \cup \{m\}$,同时参与者从他们的输入集合中删除 m 。返回到步骤 2。

上述协议共需要迭代 $s + 1$ 次。在每次迭代中,两个 $\lg u$ 比特的整数中的较小者被秘密地计算出来。使用 YAO 氏百万富翁协议时,该协议的通信复杂度和计算复杂度均为 $O(s \lg u)$ 。

7.2　布尔电路上保护隐私的集合并集协议

本节设计了保护隐私的集合合并运算电路、去重电路和混淆电路,并应用 YAO 氏通用混淆电路估值技术提出了一种布尔电路上保护隐私的集合并集协议。然后,我们使用模拟器视图仿真法证明了协议的安全性。最后,基于 MightBeEvil 中的 YAO 氏混淆电路估值框架,开发了该文理论方案对应的实验模型。实验结果表明,在安全计算稀疏集合的并集时,所提算法效率优于当前布尔电路上的其他算法。在阅读本节之前,建议读者认真阅读 4.8 节中的内容。

7.2.1 协议描述

本节按照预处理—集合合并—去重—混淆四个阶段设计保护隐私的集合并集运算电路。

7.2.1.1 预处理

如表 7 – 1 所示,预处理阶段,参与者首先通过协商得到集合大小 N。然后,参与者在本地对各自的秘密集合进行排序。接下来,参与者在自己的排序集合中插入若干个扰乱因子,从而形成大小为 N 的集合。通过加入扰乱因子,参与者将无法通过攻击获得双方集合交集的大小。

表 7 – 1 预处理协议

参与者: P_1 和 P_2
输入数据: P_1 输入集合 S_1 , P_2 输入集合 S_2
步骤 1: P_i 随机产生数据 n_i ,要求 $n_i > \mid S_i \mid$。P_i 将 n_i 发送给 P_{1-i} ,其中 $i = 1,2$
步骤 2: P_1 和 P_2 在本地计算 $N = max(n_1, n_2)$
步骤 3: P_1 在本地对 S_1 按照单调递增的顺序排序,得到集合 S'_1。P_2 在本地对 S_2 按照单调递减的顺序排序,得到集合 S'_2
步骤 4: P_i 随机挑选 S'_i 中的 $N - \mid S_i \mid$ 个数据,并在集合 S'_i 相应数据的后面插入一个备份,得到集合 G_i

7.2.1.2 保护隐私的集合合并协议

本节使用双调排序网络实现集合 G_1 和 G_2 的合并。由于 G_1 中的元素按照单调递增的顺序排列, G_2 中的元素按照单调递减的顺序排列,因此 G_1 和 G_2 构成双调序列,可以使用双调排序完成集合的合并。双调排序网络算法控制数据比较的顺序,而基本的运算单元为数据比较器 Sorter。Sorter 输入为数据 x,y ,输出为 $min(x,y), max(x,y)$。当 Sorter 的一个输出数据为 x 时,另

一个数据必为 y 。因此,只需要调用一次 Kolesnikov 数据比较器,然后通过异或门组成的电路可以得到另一个输出数据,如图 7-1 所示。通过保护隐私的集合合并协议,两个参与者的秘密集合被合并为一个多重集合 S 。

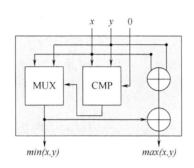

图 7-1　数据比较器方案

使用双调排序网络对参与者的私有集合进行合并时,共需要调用 Sorter 电路 $N\log(2N)$ 次。表 7-2 对保护隐私的集合合并协议所需的门数进行了对比。可以看出,本节方案在门电路消耗上优于黄炎等人提出的方案。

表 7-2　保护隐私的集合合并协议中门数量对比

方案	总门数	异或门数	其他门数
黄炎等人提出的方案[①]	$11\sigma N\log(2N)$	$8\sigma N\log(2N)$	$3\sigma N\log(2N)$
本节方案	$9\sigma N\log(2N)$	$7\sigma N\log(2N)$	$2\sigma N\log(2N)$

7.2.1.3　去重

由于多重集合 S 中重复元素都是相邻的,因此本节对比 S 中两两相邻的元素实现重复元素的过滤。当两个元素相等,输出无效元素(暂且认为 0 元素为无效元素),否则输出第 1 个元素。去重电路如图 7-2 所示。去重

---

① Y Huang, D Evans, J Katz. Private set intersection: Are garbled circuits better than custom protocols? [C]. NDSS, 2012.

电路中包含两类过滤器 F_1 和 F_2,如图 7 - 3 所示。对于过滤器 F_1,当输入元素 $m_i = m_{i+1}$ 时, $z = m_i \oplus m_{i+1} = \{0\}^n$,即 m_i 和 m_{i+1} 的异或值为 0;当输入元素 $m_i \neq m_{i+1}$ 时, $z = m_i \oplus m_{i+1} \neq \{0\}^n$,即 m_i 和 m_{i+1} 的异或值中至少有一位不为 0。通过对 z 中各比特执行或操作,可以判断 z 的各比特是否全为 0,进而判断出 m_i 和 m_{i+1} 是否相等。如果 $m_i = m_{i+1}$ 则输出 0,否则输出 m_i。接下来,再对 m_{i+1} 和 m_{i+2} 使用过滤器 F_1 进行过滤。对于多重集合 S 中最后的两个元素 m_{2n-1} 和 m_{2n},如果 $m_{2n-1} = m_{2n}$,则输出 m_{2n} 和 0;否则需要将 m_{2n-1} 和 m_{2n} 都输出,因此对于 S 中最后的两个元素 m_{2n-1} 和 m_{2n} 使用过滤器 F_2 进行过滤。过滤器 F_1 和 F_2 中的多路复合选择器 MUX 仍然选用科列斯尼科夫(L. Kolesnikov)等人的设计方案。

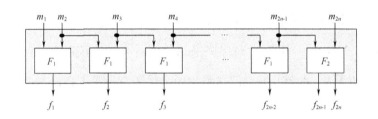

图 7 - 2　去重电路顶图

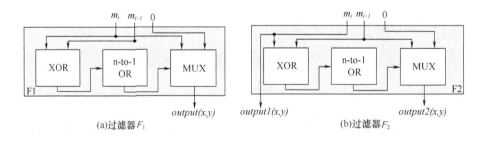

图 7 - 3　去重电路详细电路图

7.2.1.4　混淆

合并后的集合 S 经过去重电路后得到集合 $F = \{f_1, f_2, \cdots, f_{2N}\}$。事实上, F 中的元素是由并集元素和若干个零元素组成。零元素是由去重电路

引入的,当某个位置 $f_i = 0$ 且 $f_{i+1} \neq 0$,则说明集合 S 中 $m_i = m_{i+1}$ 。导致 $m_i = m_{i+1}$ 的原因可能是由于参与者在预处理阶段插入了干扰因子,也可能是由于 m_i 是交集元素。如果直接将 F 作为协议的最终输出公布,在极端情况下参与者可能会得知集合交集中某些元素的信息。考虑如下情况:假设参与者 P_i 通过某些社会学方法提前得知了对方集合的大小 $| S_{1-i} |$ 。对于 P_i 私有集合中的元素 m_i , P_i 在预处理阶段插入了 $t-1$ 个 m_i 的副本。如果集合 F 中元素 $f_x = m_i$,且集合 F 中 f_x 前面的 $N - | S_{1-i} | + t$ 个元素均为 0 ,则 P_i 可以判断出 m_i 必为集合交集中的元素。

为了抵抗上述攻击方法,本节将对去重电路的输出集合进行混淆,打乱集合中元素的位置,从而保护参与者的私有信息。使用通用电路估值方案对上述预处理、合并和去重电路进行安全计算后,参与者 P_i 将得到集合 F 的一个秘密份额 $F_i = \{f_1^i, f_2^i, \cdots, f_{2N}^i\}$,且满足 $f_x^i \oplus f_x^{1-i} = f_x$ 。下面是本节设计的混淆协议。

表 7 - 3　保护隐私的集合混淆协议

参与者: P_1 和 P_2
输入数据: P_1 输入秘密份额 F_1 , P_2 输入秘密份额 F_2
输出数据: P_1 得到集合并集, P_2 无输出数据
步骤 1: P_1 产生长度是 n 比特的随机数 $r_1 = \{0,1\}^n$,并在本地计算 $A = \{f_1^1 \oplus r_1, f_2^1 \oplus r_1, \cdots, f_{2N}^1 \oplus r_1\}$ 。 P_1 将集合 A 发送给 P_2
步骤 2: P_2 在本地计算 $$B = \{b_1, b_2, \cdots, b_{2N}\} = A \oplus F_2 = \{f_1^1 \oplus r_1 \oplus f_x^2, f_2^1 \oplus r_1 \oplus f_x^2, \cdots f_{2N}^1 \oplus r_1 \oplus f_x^2\}$$
步骤 3: P_2 产生 N 个随机对 $K = \{(k_1, k_2), (k_3, k_4), \cdots, (k_{2N-1}, k_{2N})\}$,其中 $1 \leq k_i \leq 2N$ 。 P_2 根据 K 中的随机对依次交换集合 B 中的元素 b_{k_i} 和 $b_{k_{i+1}}$ 。经过 N 轮对换, P_2 得到集合 B' 并发送给 P_1
步骤 4: P_1 在本地计算 $U' = B' \oplus r_1$,并计算集合的并集 $U = U' - \{0\}$

在混淆阶段,参与者主要是在本地使用异或门进行计算。参与者 P_1 和 P_2 分别调用异或门 $4nN$ 次。该阶段不需要参与者交互完成门电路的计算。两个参与者共传输 $4nN$ 比特数据。

7.2.2 协议分析

7.2.2.1 安全性分析

【定理 7 – 1】假设底层 YAO 氏混淆电路估值方案在半诚实模型下是安全的,本节提出的保护隐私的集合并集协议在半诚实模型下安全地计算了参与者私有集合的交集。

证明:本节提出的保护隐私的集合并集协议是非对称的,也就是说只有参与者获知结果,因此

$$f(x,y) \stackrel{def}{=} (f_c(x,y),\Lambda)$$

Λ 代表空字符串。π 代表本节提出的保护隐私的集合并集协议。

服务器视图。下面分析服务器被攻击的情况。在协议 π 执行过程中,服务器的视图为

$$view_S^\pi(S_S,S_C) = \{S_S,\Lambda,I_1,I_2,I_3,K_1,K_2,K_3\}$$

其中 K_1 代表预处理阶段服务器端接收到的信息,可知 $K_1 = N_C$。K_2 代表集合合并和去重阶段服务器端接收到的信息,该阶段服务器执行 YAO 氏混淆电路估值方案中的电路构造者角色。K_3 代表混淆阶段服务器端接收到的信息,可知 $K_3 = A$。I_1,I_2,I_3 分别代表预处理阶段、集合合并和去重阶段、混淆阶段服务器产生的中间数据。

下面创建模拟器 Sim_S,模拟器接收服务器的私有输入数据 S_S 和服务器输出 U,并模拟服务器在协议执行过程中的视图。首先,模拟器模拟预处理阶段服务器的行为。在预处理阶段,服务器产生的中间数据 $I_1 = \{N_S,$

S'_S, G_S 。在 $[0, |G_S|]$ 的范围内，Sim_S 通过多次掷币得到随机数 N'_C，使得 $N'_C = N_C$。然后，模拟器模拟集合合并和去重阶段服务器的行为。单独观察集合合并和去重阶段时，服务器的输入数据为上一阶段的输出 G_S，Sim_S 可以从 I_1 中获取 G_S；服务器的输出数据为下一阶段的输入数据 F_2，Sim_S 可以从 I_2 中获取 F_2。Sim_S 根据 G_S、F_2 以及该阶段服务器独立产生的中间数据 I_2 模拟得到集合合并阶段和去重阶段在电路估值时服务器接收到的信息 K'_2，由于假设底层 YAO 氏混淆电路估值方案在半诚实模型下是安全的，因此 $K'_2 \overset{c}{\equiv} K_2$。最后，$Sim_S$ 根据服务器在混淆阶段的输入 F_2，输出 Λ，和服务器生成的中间数据 $I_3 = \{B, K, B'\}$ 模拟服务器的行为。Sim_S 计算 $A' = B \oplus F_2$。由服务器在协议运行中的行为可知 $A' = A$。协议模拟完成后，Sim_C 输出模拟视图

$$view^{\pi}_{sim_s}(S_S, S_C) = \{S_S, \Lambda, I_1, I_2, I_3, N'_C, K'_2, A'\}$$

由上述模拟行为可知

$$view^{\pi}_{sim_s}(S_S, S_C) \overset{c}{\equiv} view^{\pi}_S(S_S, S_C)$$

同理，可以为客户端创建模拟器 Sim_C，且该模拟器的模拟试图和客户端的视图具有如下关系

$$view^{\pi}_{sim_c}(S_S, S_C) \overset{c}{\equiv} view^{\pi}_C(S_S, S_C)$$

综上所述，半诚实模型下本节提出的保护隐私的集合并集协议是安全的。

7.2.2.2　性能分析

本节设计的保护隐私集合并集运算协议所需要的门电路数量如表 7 - 4 所示。需要指出的是，在混淆阶段参与者 P_1 和 P_2 分别在本地调用异或门 $4\sigma N$ 次，表 7 - 4 中给出的数据是需要参与者交互计算的门电路数量，其中混

涌阶段参与者需要交互计算的门电路数量为零。当使用 GMW 评估方案时，对异或门的安全估值不消耗密码学操作，因此本节方案中所需耗费型门数量为 $2\sigma N\log(2N) + (2\sigma - 1)(2N - 1)$。当使用 YAO 氏混淆电路估值方案时，本节方案所需门的数量为 $9\sigma N\log(2N) + (5\sigma - 1)(2N - 1)$。

表 7 - 4 本节方案所需门数量

性能分析	合并阶段	去重阶段	混淆阶段
总门数	$9\sigma N\log(2N)$	$(5\sigma - 1)(2N - 1)$	0
异或门数	$7\sigma N\log(2N)$	$3\sigma(2N - 1)$	0
其他门数	$2\sigma N\log(2N)$	$(2\sigma - 1)(2N - 1)$	0

通过对近几年的 PSI 协议和 PSU 协议进行对比，我们得出如下结论：

(1)布尔电路上 PSU 协议的对比。黄炎(Y. Huang)等人使用电路类型只有 OR 门，该方案所需消耗型门数量为 $n^2 2^\sigma$。当参数 N 和 σ 满足 $N <$ $\sqrt{(2^\sigma - 1)/\sigma}$ 时，本节协议所消耗的门数量更少，其中 < 表示约小于。当使用 YAO 氏电路估值方案，评估不同类型的门电路所消耗的通信复杂度和计算复杂度相同，即此时通信复杂度和计算复杂度仅取决于当前电路中的门数量。因此，针对稀疏集合，本节方案的通信复杂度和计算复杂度都优于黄炎等人提出的方案。

(2)不同类型电路上 PSU 协议的对比。布尔电路上 PSU 协议的复杂度和集合中元素的位数、安全参数、集合大小有关；而表 7 - 5 中算术电路上 PSU 协议的复杂度和集合中元素的位数无关，和安全参数以及集合大小有关。

(3)本节方案和 PSI 协议的对比。相比于已有的有多 PSI 协议，本节 PSU 协议的复杂度更高。这是因为 PSU 协议和 PSI 协议虽然都是保护隐私的集合运算协议，但是由于所要实现的运算类型不同，且并集协议中不仅要保护参与者的输入信息还要保护参与者的集合交集信息,使得多数 PSU 协议的计算复杂度和通信复杂度高于 PSI 协议。

7.2.3　实验和分析

7.2.3.1　实验模型的设计

本节基于 MightBeEvil 中的 YAO 氏混淆电路估值框架(下文中简称为为 MightBeEvil 框架)设计了实验模型。在 MightBeEvil 框架中,应用问题使用电路库中的混合电路或简单门电路完成布尔电路的搭建,然后使用 YAO 氏混淆电路估值协议完成安全计算;该框架使用 JCE(Java Cryptography Extension)中的密码学算法构建 YAO 氏混淆电路估值协议。因此,可以将实验模型的设计工作转换为布尔电路的搭建和 YAO 氏混淆电路估值协议的实例化。下面介绍本节实验模型在使用 JCE 设计 YAO 氏混淆电路估值协议时所选用的底层协议及相关参数配置。YAO 氏混淆电路估值协议使用哈希运算 SHA – 1 产生混淆真值表,混淆电路中信号密钥长度 $\omega = 80$ 。OT 协议采用经典 Naor – Pinkas 的方案,该方案中的公钥操作基于 Z_p^* 上的 q 阶子群实现,其中 $|q| = 128, |p| = 1024$ 。OT 扩展协议的统计安全参数 $k = 80$ 。可以看出,上述参数符合 NIST 准则中的 ultra – short 安全级别。应用模型包含两个可执行程序,服务器端程序和客户端程序。服务器端程序和客户端程序之间通过 TCP 协议,基于管线模型完成通信。

本节所有实验均在局域网内的两台 PC 上模拟执行。其中,一台 PC 模拟服务器,使用 Thinkpad X230i, CPU 为 2.5GHz Intel Core i3 – 3120M,内存为 3.6GB,操作系统为 Ubuntu。另一台 PC 模拟客户端,使用 Thinkpad R400, CPU 为 2.1GHz Intel Core 2 Duo,内存为 3GB,操作系统为 Ubuntu。服务器和客户端之间通过 Wifi 连接。

本节实验假设 $N = n$，客户端输入集合和服务器输入集合的交集大小为 $n/2$。本节分别验证了元素位数 $\sigma = 16$ 和 $\sigma = 32$ 并且客户端和服务器输入集合从 2^7 增加至 2^{13} 时协议运行所需要的时间和占用的带宽，如图 7 - 4 和图 7 - 5 所示。可以看出，协议的运行时间、占用带宽和元素位数 σ 成正比，和输入集合大小 n 满足 $O(cn\log(2n))$ 的关系，其中 c 表示常数。实验结果和理论分析结果保持一致。

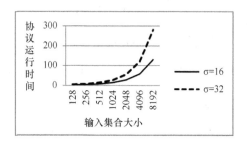

图 7 - 4　本节协议运行时间(s)

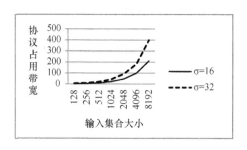

图 7 - 5　本节协议占用带宽(MB)

7.2.3.2　实验模型性能对比

由于贾斯汀·布里克尔(Justin Brickell)等人的方案只给出了理论方案，本节基于 MightBeEvil 中的 YAO 氏混淆电路估值框架实现了该方案应用模型的开发。当 $\sigma = 16, n = 13$ 时，黄炎等人的应用模型由于存在错误导致无法产生正确结果。

表 7 -5 总结了不同集合大小、不同元素位数下各应用模型的实验数据。

表7-5　实验运行时间和带宽

参数	电路类型	文献	协议	对比项\集合大小	2^7	2^8	2^9	2^{10}	2^{11}	2^{12}	2^{13}
$\sigma = 32$	布尔电路	本节	PSU	时间(s)	4.507	7.556	14.453	26.284	54.794	119.470	279.850
				带宽(MB)	4.25	9.20	19.95	42.95	92.10	180.65	396.05
		布里克尔等人的方案①	PSU	时间(s)	—	—	—	—	—	—	—
				带宽(MB)	—	—	—	—	—	—	—
		黄炎等人的方案②	PSI	时间(s)	4.257	7.368	13.576	26.531	52.066	113.44	263.26
				带宽(MB)	3.60	8.59	18.87	40.5	90.23	176.19	380.43
	算术电路	克里斯托法罗等人的方案③	PSI	时间(s)	3.447	4.864	7.11	11.083	20.253	40.541	82.268
				带宽(MB)	0.89	1.58	3.30	6.59	13.33	26.41	53.72
		董长宇等人的方案④	PSI	时间(s)	1.309	2.477	4.613	7.002	10.511	18.044	37.511
				带宽(MB)	1.09	2.22	3.83	6.74	14.19	27.88	52.87
$\sigma = 16$	布尔电路	本节	PSU	时间(s)	3.091	4.636	7.254	13.578	27.281	57.424	128.515
				带宽(MB)	2.10	4.70	9.92	21.54	46.05	98.19	208.89
		布里克尔等人的方案	PSU	时间(s)	8.876	8.876	8.876	8.876	8.876	8.876	8.876
				带宽(MB)	9.30	9.30	9.30	9.30	9.30	9.30	9.30
		黄炎等人的方案	PSI	时间(s)	4.971	6.429	9.776	14.950	27.449	54.944	—
				带宽(MB)	1.75	4.23	9.03	20.97	45.05	82.22	—
	算术电路	克里斯托法罗等人的方案	PSI	时间(s)	3.197	4.713	7.038	11.970	19.013	40.225	81.573
				带宽(MB)	0.78	1.53	3.02	6.32	13.31	25.99	52.65
		董长宇等人的方案	PSI	时间(s)	1.374	2.382	4.233	6.630	10.413	17.921	37.608
				带宽(MB)	1.10	2.19	3.81	6.84	14.26	27.52	52.39

① J Brickell, V Shmatikov. Privacy - preserving graph algorithms in the semi - honest Model[M]. The University of Texas at Austin, Austin Tx 78712 USA, 2005.

② Y Huang, D Evans, J Katz. Private set intersection: Are garbled circuits better than custom protocols? [C]. NDSS, 2012.

③ C E De, G Tsudik. Practical private set intersection protocols with linear complexity[C]. Financial Cryptography and Data Security, Tenerife, Canary Islands, 2010: 143 - 159. doi: 10.1007/978 - 3 - 642 - 14577 - 3_13.

④ C Y Dong, L Q Chen, Z K Wen. When private set intersection meets big data: an efficient and scalable protocol[C]. CCS, 2013.

由于 $\sigma = 32$ 时布里克尔等人的实验模型无法正常运行,因此我们仅在图 7-6 和图 7-7 中对 $\sigma = 16$ 时各协议实验模型的运行时间和占用带宽进行了对比。从图 7-6 和图 7-7 可以得出如下结论:

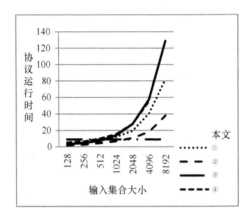

图 7-6　$\sigma = 16$ 时协议运行时间(s)对比

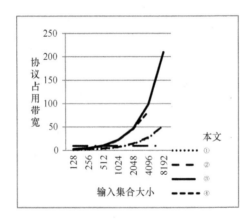

图 7-7　$\sigma = 16$ 时协议占用带宽(MB)对比

① M Bellare, C Namprempre, D Pointcheval, M Semanko. The one-more-RSA-inversion problems and the security of Chaum's blind signature scheme[J]. Journal of Cryptology 2008,16(3):185-215.

② Y Aumann, Y Lindell. Security Against Covert Adversaries: Efficient Protocols for Realistic Adversaries[C]. TCC, 2007.

③ M Blum, P Feldman, S Micali. Non-interactive zero-knowledge and its applications(extended abstract) [C]. Proceedings of the 20th ACM Symposium on Theory of Computing. New York: ACM Press, 1988:103-112.

④ P Bose, H Guo, E Kranakis, et. al. On the false-positive rate of bloom filters[J]. Information Processing Letters, 2008,108(4):210-213.

（1）针对布尔电路上的 PSU 协议，当参与者集合元素数量较少时，本节方案在运行时间和占用带宽两个参数上都优于布里克尔等人的方案；随着集合元素数量的增加，布里克尔等人的方案的运行时间和占用的带宽优于本节提出的方案。但是，随着集合中元素位数的增加，布里克尔等人的方案存在应用模型内存泄漏的风险。例如，当 $\sigma = 32$ 时，布里克尔等人的方案的实验模型在本节实验环境下已经不能正常运行，但此时本节提出的方案仍然可以正常使用。因此，可以得出结论：针对稀疏集合，本节方案的通信复杂度和计算复杂度都优于布尔电路上布里克尔等人的方案。

（2）当前先进的 PSI 实验模型在运行时间和占用带宽上都优于本节方案。

7.3　保护隐私的集合并集外包计算协议

针对分布式环境下集合并集外包计算时的隐私保护问题，本节基于集合的多项式根表示法，使用 Pailliar 同态加密方案和拉格朗日多项式插值定理，提出了一种保护隐私的集合并集外包计算协议。然后使用模拟器视图仿真法分析了协议的安全性，结果表明本协议在半诚实模型下是安全的。

7.3.1　预备知识

本节要解决的问题可以这样来描述：参与者 P_i 拥有秘密集合 S_i，参与者们希望借助于云服务器完成外包存储和集合并集的外包计算。计算结束后，如果所有参与者都同意计算集合并集，则请求方可以得知并集信息，但是无法得知除了并集之外的关于其他参与者集合的任何信息。云服务器在存储和计算过程中都无法得知参与者集合的内容。

【定理 7 - 2】（拉格朗日插值定理）

给定二维空间中的 m 个点 $\{(x_1, y_1), (x_2, y_2), \cdots, (x_m, y_m)\}$，可以使用如下公式构造唯一的多项式 $F(x)$ 使得该多项式的二维曲线经过这些点

$$F(x) = \sum_{i=1}^{m} \prod_{j=1, j \neq i}^{m} \frac{(x - x_j)}{(x_i - x_j)} y_i$$

7.3.2 协议描述

本节设计的协议包含外包预处理和并集外包计算两个阶段。在协议正式开始之前，参与者相互协商得到 Pailliar 同态加密算法的密钥对 (sk, pk)，其中 sk 是私钥，pk 是公钥。sk 在参与者之间共享，pk 发送给云服务器。

7.3.2.1 外包预处理

如表 7 - 7 所示，外包预处理阶段，参与者根据自己的秘密集合构造外包数据。和以往多项式表示法不同，我们将集合对应的多项式上的点信息外包给云服务器。为了防止云服务器获知秘密集合信息，同时对其他参与者的交集请求进行控制，参与者对多项式上的点信息做"加密处理"。为了防止泄漏所有参与者集合的交集信息，参与者对外包的数据做混淆处理。经过"加密"和混淆的数据作为最终的外包数据被发送给云服务器。

表 7 - 7　外包预处理协议

步骤 1:云服务器产生均匀分布的随机掷币 r^s，并产生一个随机数集合

$$X = \{x_1, x_2, \cdots, x_{mN+1}\}$$

其中 $x_j \leftarrow U$，$j = 1, 2, \cdots, mN + 1$。我们称这些随机数为外包数据基

步骤 2:参与者 P_i 产生均匀分布的随机掷币 r^{P_i}，产生 $|S_i|$ 个随机数 $r_1, r_2, \cdots, r_{|S_i|}$，通过调整随机数使其满足

$$r_1 + r_2 + \cdots + r_{|S_i|} = N$$

步骤 3:参与者 P_i 以秘密集合 S_i 中的元素为根，构造如下多项式

$$f(x)_i = (x - S_i^1)^{r_1} \times (x - S_i^2)^{r_2} \times \cdots \times (x - S_i^{|S_i|})^{r_{|S_i|}}$$

续表

步骤 4：参与者 P_i 向云服务器请求得到外包数据基

步骤 5：参与者 P_i 计算外包数据基中每个元素在多项式 $f(x)_i$ 上的取值，得到集合

$$Y_i = \{f(x_1)_i, f(x_2)_i, \cdots, f(x_{mN+1})_i\}$$

步骤 6：参与者 P_i 产生 $mN+1$ 个随机混淆因子 $T_i = \{t_1, t_2, \cdots, t_{mN+1}\}$，然后 P_i 使用混淆因子混淆集合 Y_i 得到外包数据集合

$$OS_i = \{(f(x_1)_i + t_1) \bmod u, (f(x_2)_i + t_2) \bmod u, \cdots, f(x_{mN+1})_i + t_{mN+1}) \bmod u\}$$

步骤 7：参与者将 OS_i 发送给云服务器以便实现数据的外包存储和外包计算

7.3.2.2　并集外包计算

上一阶段结束后，云服务器收到所有参与者发送的外包数据集合 $OS_i(i = 1, 2, \cdots, m)$。假设参与者 P_j 请求获得集合的并集，下面通过参与者和云服务器的交互完成外包计算，如表 7-8 所示。

表 7-8　并集外包计算

步骤 1：云服务器对除了 P_j 外的其他参与者广播 (ID_{P_j}, pk)

步骤 2：如果参与者 P_i 同意贡献自己的秘密集合，则使用 P_j 的公钥加密随机混淆因子得到密文集合 T_i 并将该密文发送给云服务器

$$Enc(T_i) = \{Enc_{pk}(t_1), Enc_{pk}(t_2), \cdots, Enc_{pk}(t_{mN+1})\}$$

如果参与者 P_i 不同意贡献自己的秘密集合，则向云服务器发送拒绝提供秘密集合的口令

步骤 3：云服务器收到所有参与者发回的信息后，如果有一个或一个以上的参与者拒绝提供秘密集合的口令，则终止计算。如果所有参与者都同意计算集合并集，则执行如下计算

$$z_j = \left(Enc_{pk}\left(\prod_{i=1}^{m} OS_i^j\right)\right) \times \left(\prod_{i=1}^{m} Enc(T_i^j)\right)^{-1}$$

其中，$1 \leqslant j \leqslant x_{mN+1}$。计算结束后，云服务器得到密文集合 Z 并将其发送给 P_j

$$Z = \{z_1, z_2, \cdots, z_{mN+1}\}$$

步骤 4：P_j 收到密文集合 Z 后，使用其私钥 sk 解密 Z 中的元素。然后以 $\{(x_1, Dec_{sk}(z_1)), (x_2, Dec_{sk}(z_2)), \cdots, (x_{mN+1}, Dec_{sk}(z_{mN+1}))\}$ 为输入，使用拉格朗日插值定理计算并集多项式 $F(x)$

步骤 6：P_j 计算 $F(x) = 0$ 的所有根，这些根构成参与者集合的并集

7.3.3 协议分析

本节对协议的正确性、安全性和性能进行分析,并根据分析结果和已有成果进行了对比。

7.3.3.1 正确性分析

【定理 7 - 3】本节提出的保护隐私集合并集外包计算协议是正确的。

证明:下面首先使用反证法证明协议的正确性。(公式 7 - 1)定义了 m 个多项式。对于多项式 $F(x) = f_1(x)f_2(x)\cdots f_m(x)$,如果 $f_i(q) = 0$,则 $F(q) = 0$ 。因此,当使用多项式的根表示集合时,将所有多项式做乘法操作则得到并集对应的多项式。当 $x = q$ 时,$F(q) = f_1(q)f_2(q)\cdots f_m(q)$

$$f_1(x) = (x - q_1^1)(x - q_2^1)\cdots(x - q_N^1)$$

$$f_2(x) = (x - q_1^2)(x - q_2^2)\cdots(x - q_N^2)$$

$$\vdots$$ （公式 7 - 1）

$$f_m(x) = (x - q_1^m)(x - q_2^m)\cdots(x - q_N^m)$$

对于 m 个参与者的集合,并集最多有 mN 个元素。因此,当利用根表示法使用多项式表达集合并集时,该多项式为 $mN + 1$ 阶。根据范德蒙行列式和克莱姆法则可知,给定 $mN + 1$ 个点,可以得到一个唯一的 mN 阶多项式使其经过这 $mN + 1$ 个点。

综上所述,对于本节提出的协议,$\forall q \in S_i$,则 $f_i(q) = 0$,且 $F(q) = 0$ 。因此,P_j 最后计算得到的并集中包含元素 q 。如果 $q \notin S_i(i = 1, 2, \cdots, m)$,假设 P_j 最后计算得到的并集中包含元素 q ,则 $F(q) = 0$,此时势必有一个参与者 P_u 的多项式满足 $f(q)_u = 0$,这与 $q \notin S_i(i = 1, 2, \cdots, m)$ 矛盾,因此假设错误。

下面说明为何 $F(x) = 0$ 的所有根构成参与者集合的并集。并集外包计算阶段,步骤6中 $F(x)$ 是以如下集合中的点使用拉格朗日差值定理计算得到的。

$$\{(x_1,Dec_{sk}(z_1)),(x_2,Dec_{sk}(z_2)),\cdots,(x_{mN+1},Dec_{sk}(z_{mN+1}))\}$$

由于

$$z_j = \left(Enc_{pk}\left(\prod_{i=1}^{m} OS_i^j\right)\right) \times \left(\prod_{i=1}^{m} Enc(T_i^i)\right)^{-1}$$

$$OS_i = \{(f(x_1)_i + t_1)\bmod u,(f(x_2)_i + t_2)\bmod u,\cdots,f(x_{mN+1})_i + t_{mN+1})\bmod u\}$$

根据 Pailliar 加密方案的同态性可知, $Dec_{sk}(z_j) = \prod_{i=1}^{m} f(x_j)_i$ 。因此 $F(x)$ 是以如下集合中的点使用拉格朗日差值定理计算得到的。

$$\left\{\left(x_1,\prod_{i=1}^{m} f(x_1)_i\right),\left(x_2,\prod_{i=1}^{m} f(x_2)_i\right),\cdots,\left(x_{mN+1},\prod_{i=1}^{m} f(x_3)_i\right)\right\}$$

根据范德蒙行列式和克莱姆法则可知, $F(x) = f(x)_1 f(x)_2 \cdots f(x)_m$ 。由于 $f(x)_i = (x - S_i^1)^{r_1} \times (x - S_i^2)^{r_2} \times \cdots \times (x - S_i^{|S_i|})^{r_{|S_i|}}$,即 $f(x)_i = 0$ 时 x 的取值为集合 S_i 。因此 $F(x) = 0$ 时 x 的取值为集合 $\{S_1,S_2,\cdots,S_m\}$ 中的所有元素,即所有参与者集合的并集。

得证。

7.3.3.2 安全性分析

【定理 7-4】在合数剩余判定困难性假设条件下,本节提出的协议在半诚实模型下安全地实现了参与者秘密集合并集的外包计算。

证明:本节提出的协议是非对称的,也就是说只有参与者获知结果,因此

$$f(S_1,S_2,\cdots,S_m,Server)$$

$$\overset{def}{=} (f_{P_1}(S_1,S_2,\cdots,S_m),f_{P_2}(S_1,S_2,\cdots,S_m),\cdots,f_{P_m}(S_1,S_2,\cdots,S_m),f_{Server}(S_1,S_2,\cdots,S_m))$$

$$\overset{def}{=} (\Lambda,\Lambda,\cdots,f_{P_j}(S_1,S_2,\cdots,S_m),\cdots,\Lambda)$$

Λ 代表空字符串, π 代表本节提出的安全外包协议。下面分别从云服务器试图和参与者试图两个角度进行安全性分析。

（1）云服务器视图。首先分析云服务器被攻击的情况。在协议 π 执行过程中，服务器的视图为

$$view_s^{\pi}(S_1, S_2, \cdots, S_m) = \{\Lambda, r^s, X, OS_i, T_i, Z\} \ (i = 1, 2, \cdots, m)$$

其中 Λ 代表服务器输出的信息，$\{X, r^s, OS_i, T_i, Z\}$ 是服务器在协议执行过程中产生的信息视图。

下面创建模拟器 Sim_S，Sim_S 接收服务器的输出 Λ，并模拟服务器在协议执行过程中的行为。首先，Sim_S 产生均匀分布的随机掷币 r^{Sim}，并产生 $2m + 1$ 个随机数集合

$$X' = \{x'_1, x'_2, \cdots, x'_{mN+1}\}$$

$$OS'_i = \{a_1^i, a_2^i, \cdots, a_{mN+1}^i\} \ (i = 1, 2, \cdots, m)$$

$$t'_i = \{t_1^i, t_2^i, \cdots, t_{mN+1}^i\} \ (i = 1, 2, \cdots, m)$$

Sim_S 使用公钥 pk 加密 $t'_i (i = 1, 2, \cdots, m)$，得到

$$Enc(T'_i) = \{Enc_{pk}(t_1^i), Enc_{pk}(t_2^i), \cdots, Enc_{pk}(t_{mN+1}^i)\}$$

对于 $1 \leq j \leq x_{mN+1}$，Sim_S 利用上述值执行如下计算

$$z'_j = \left(\prod_{i=1}^{m} Enc_{pk}(OS'_i{}^j)\right) \times \left(\prod_{i=1}^{m} Enc(T'_i{}^j)\right)^{-1}$$

$$Z' = \{z'_1, z'_2, \cdots, z'_{mN+1}\}$$

整个协议模拟完成后，Sim_S 输出模拟视图

$$view_{sim_s}^{\pi} = \{\Lambda, r^{Sim}, X', OS'_i, T'_i, Z'\} \ (i = 1, 2, \cdots, m)$$

由于 r^{Sim} 和 r^s 是服从均匀分布的，因此

$$\{r^{Sim}, X', OS'_i\} \stackrel{c}{\equiv} \{r^s, X, OS_i\}$$

由于假设判定合数剩余是困难的，因此 Pailliar 加密方案是安全的，所以 $\{T'_i, Z'\} \stackrel{c}{\equiv} \{T_i, Z\}$。

综上所述，$view_{sim_s}^{\pi} \stackrel{c}{\equiv} view_s^{\pi}$。

（2）参与者视图。下面首先分析请求计算集合并集的参与者 P_j 被攻击的情况。在协议 π 执行过程中，参与者的视图为

$$view_{P_j}^{\pi}(S_1, S_2, \cdots, S_m) = \{S_j, U, r^{P_j}, r_1, r_2, \cdots, r_{|S_j|}, f(x)_j, X, Y_j, T_j, OS_j, Z, F(x)\}$$

其中 S_j 是参与者 P_j 的输入信息，集合并集 U 是 P_j 的输出信息，P_j 在协议执行过程中产生的信息视图为 $\{r^{P_j}, r_1, r_2, \cdots, r_{|S_j|}, f(x)_j, X, Y_j, T_j, OS_j, Z, F(x)\}$。

下面创建模拟器 Sim_P，Sim_P 接收 P_j 的输入信息 S_j 和输出 U，并模拟 P_j 在协议执行过程中的行为。首先，Sim_P 产生均匀分布的随机掷币 r^{Sim}，并产生随机数 $r'_1, r'_2, \cdots, r'_{|S_j|}$ 使其满足

$$r'_1 + r'_2 + \cdots + r'_{|S_j|} = N$$

Sim_P 以 S_j 中的元素为根构造如下多项式

$$f'(x)_j = (x - S_j^1)^{r'_1} \times (x - S_j^2)^{r'_2} \times \cdots \times (x - S_j^{|S_j|})^{r'_{|S_j|}}$$

Sim_P 产生随机数集合 $X' = \{x'_1, x'_2, \cdots, x'_{mN+1}\}$，并计算该集合在 $f'(x)_j$ 上的取值，得到集合

$$Y'_j = \{f'(x'_1)_j, f'(x'_2)_j, \cdots, f'(x'_{mN+1})_j\}$$

Sim_P 产生 $mN+1$ 个随机混淆因子 $T'_j = \{t'_1, t'_2, \cdots, t'_{mN+1}\}$，并使用这些混淆因子混淆集合 Y'_i 得到

$$OS'_j = \{(f'(x'_1)_j + t'_1) \bmod u, (f'(x'_2)_j + t'_2) \bmod u, \cdots, (f'(x'_{mN+1})_j + t'_{mN+1}) \bmod u\}$$

Sim_P 以计算结果 U 中的元素为根生成多项式 $F'(x)$，计算集合 X' 中的元素在 $F'(x)$ 上的取值并使用公钥 pk 加密得到集合

$$Z' = \{Enc_{pk}(F'(x'_1)), Enc_{pk}(F'(x'_2)), \cdots, Enc_{pk}(F'(x'_{mN+1}))\}$$

整个协议模拟完成后，Sim_P 输出模拟试图

$$view_{sim_P}^{\pi} = \{S_j, U, r^{Sim}, r'_1, r'_2, \cdots, r'_{|S_j|}, f'(x)_j, X', Y'_j, T'_j, OS'_j, Z', F'(x)\}$$

由于 r^{Sim} 和 r^{P_i} 是服从均匀分布的，因此

$$\{r^{Sim},r'_1,r'_2,\cdots,r'_{|S|},f'(x)_j,X',Y'_j,T'_j,OS'_j\} \overset{c}{\equiv} \{r^{P_j},r_1,r_2,\cdots,r_{|S|},f(x)_j,X,Y_j,T_j,OS_j\}$$

有协议的正确性可知 $F'(x)=F(x)$。

由于假设判定合数剩余是困难的,因此 Pailliar 加密方案是安全的,所以 $\{Z'\} \overset{c}{\equiv} \{Z\}$。

综上所述,$view^{\pi}_{sim_P} \overset{c}{\equiv} view^{\pi}_{P_j}$。

对于普通参与者,即没有请求计算集合并集的参与者,他们在协议过程中接收到的信息仅包含云服务器公布的外包数据基,且该过程存在于外包预处理阶段,(并集外包计算阶段接收到的公钥 pk 可以视作系统参数)。由协议过程可知,外包预处理阶段普通参与者和请求计算集合并集的参与者的行为都是一样的。由于上文已经证明请求计算参与者在协议过程中无法得知额外信息,因此对于普通参与者其计算过程也是安全的。

综上所述,半诚实模型下本节提出的协议是安全的。

得证。

7.3.3.3　性能分析

下面从计算复杂度和通信复杂度对本节的效率进行分析。

(1)计算复杂度。对于普通参与者 P_i,执行加密操作 $mN+1$ 次;对于请求计算集合并集的参与者 P_j,执行加密操作 $mN+1$ 次,执行解密操作 $mN+1$ 次。对于服务器,执行加密操作 $mN+1$ 次;密文乘法操作 $(mN+1)(m+1)$ 次。

使用 Pailliar 算法时,加密操作复杂度为 $O(2\log n)$,解密操作复杂度为 $O(2\log n)$,密文的乘法操作复杂度为 $O(2\log n)$。因此,本节方案总的计算复杂度为 $O(2\log n)(2m+3)(mN+1)$。

（2）通信复杂度。在外包预处理阶段，每个参与者均发送给服务器 $mN+1$ 个数据，在并集外包计算阶段，每个参与者发送给服务器 $mN+1$ 个密文数据，服务器给请求计算集合并集的参与者 P_j 发送 $mN+1$ 个密文数据。因此，总的计算复杂度为 $O(2m+1)(mN+1)$ 。

7.3.3.4　理论对比

根据我们目前的搜索结果，还没有保护隐私的集合并集外包计算协议被提出。因此，在进行理论对比时，我们将和经典的保护隐私集合并集协议以及保护隐私集合交集协议进行比对。

表 7-9 对现有算法进行了总结和比较。可以看出：

（1）本节算法的计算复杂度和通信复杂度都低于其他并集运算上的隐私保护方案。

（2）本节算法实现了安全外包计算，而其他算法仍然使用的是传统的安全多方计算模型。

（3）相比于当前先进的保护隐私集合交集协议，如董长宇（C. Y. Dong）等人提出的协议，本节协议的复杂度更高。这是因为保护隐私集合并集协议和保护隐私集合交集协议虽然都是保护隐私的集合运算协议，但是由于所要实现的运算类型不同，且并集协议中不仅要保护参与者的输入信息还要保护参与者的集合交集信息，使得很多 PSU 协议的计算复杂度和通信复杂度高于 PSI 协议。而平卡斯（B. Pinkas）、施耐德（T. Schneider）、黄炎（H. Yan）等人提出的算法的复杂度不仅取决于参数 m 和 n，还同集合中元素的二进制位数成线性关系，而本节方案的复杂度同元素的二进制位数无关。

表 7 - 9　算法对比

集合运算	文献	计算复杂度	通信复杂度	是否实现外包计算	安全模型
并集	本文	$O(2m+3)(mN+1)sym$	$O(2m+1)(mN+1)$	是	半诚实模型
	基斯纳等人提出的算法①	$O(mN^2)sym$	$O(m^2N)$	否	半诚实模型
	基思提出的算法②	$O(m^3N^2)sym$	$O(m^3N^2)$	否	半诚实模型
	J. H. Seo 等人提出的算法③	$O(m^4N^2+m^2N^2)sym$	$O(m^3N^2)$	否	半诚实模型
交集	黄炎等人提出的算法④	$O(12\sigma N\log N(m-1)sym)$	$O(9\sigma N(m-1)\log n)$	否	半诚实模型
	董长宇等人提出的算法⑤	$O(4.32N(m-1)sym)$	$O(2.88N(m-1))$	否	半诚实模型
	平卡斯等人提出的算法⑥	$O(0.75\sigma N(m-1)sym)$	$O(0.5\sigma N(M-1))$	否	半诚实模型

注:sym 代表公钥加密算法中加密操作的计算复杂度,σ 代表集合中元素的二进制位数。

7.4　保护隐私的集合门限并集外包计算协议

保护隐私的集合门限并集计算具有广泛的应用前景,保护隐私的集合

① L Kissner , D Song. Privacy - preserving set operations[C]. CRYPTO, 2005.

② F Keith. Privacy - preserving set union[C]. Applied Cryptography and Network Security, 2007:237 - 252.

③ J H Seo, J H Cheon, J Katz. Constant - Round Multi - party Private Set Union Using Reversed Laurent Series[C]. PKC, 2012:398 - 412.

④ H Yan, E David, K Jonathan. Private set intersection: Are garbled circuits better than custom protocols? [C]. Proceedings of the 19th Network and Distributed Security Symposium, San Diego, 2012.

⑤ C Y Dong, L Q Chen, Z K Wen. When private set intersection meets big data: an efficient and scalable protocol[C]. CCS, 2013.

⑥ B Pinkas, T Schneider, M Zohner. Faster private set intersection based on OT Extension[C]. UNSENIX Security, 2014.

门限并集外包计算将保护隐私的集合门限并集计算的计算模型从传统安全多方计算模型推广到了安全外包计算模型。

保护隐私的集合门限并集外包计算是指参与者 P_i 拥有秘密集合 S_i，参与者们希望借助于云服务器完成外包存储和门限并集的外包计算。门限并集是指对于门限值 t，当至少 t 个参与者的秘密集合中都有元素 m 时，则 m 属于门限并集。计算结束后，如果所有参与者都同意计算门限并集，则请求方可以得知门限并集信息，但是无法得知除了门限并集之外的关于其他参与者集合的任何信息。云服务器在存储和计算过程中都无法得知参与者集合的内容。

本节在上节中提出协议的基础上，通过云服务器对集合并集对应的多项式做加密求导操作，实现保护隐私的集合门限并集外包计算。该协议包含外包预处理和门限并集外包计算两个阶段。在协议正式开始之前，参与者相互协商得到 Pailliar 同态加密算法的密钥对 (sk, pk)，其中 sk 是私钥，pk 是公钥。其中，sk 在参与者之间共享，pk 发送给云服务器。

7.4.1 协议描述

7.4.1.1 外包预处理阶段

表 7 – 10 外包预处理协议

步骤 1：云服务器产生一个随机数集合
$$X = \{x_1, x_2, \cdots, x_{mN+1}\}$$
其中 $x_j \leftarrow U$，$j = 1, 2, \cdots, mN + 1$。我们称这些随机数为外包数据基
步骤 2：参与者 P_i 以秘密集合 S_i 中的元素为根，构造如下多项式
$$f(x)_i = (x - S_i^1) \times (x - S_i^2) \times \cdots \times (x - S_i^{\lvert S_i \rvert})$$
步骤 3：参与者 P_i 向云服务器请求得到外包数据基
步骤 4：参与者 P_i 计算外包数据基中每个元素在多项式 $f(x)_i$ 上的取值，得到集合

$$Y_i = \{f(x_1)_i, f(x_2)_i, \cdots, f(x_{mN+1})_i\}$$

步骤 5：参与者 P_i 产生 $mN+1$ 个随机混淆因子 $T_i = \{t_1, t_2, \cdots, t_{mN+1}\}$，然后 P_i 使用混淆因子混淆集合 Y_i 得到外包数据集合

$$OS_i = \{(f(x_1)_i + t_1) \bmod u, (f(x_2)_i + t_2) \bmod u, \cdots, f(x_{mN+1})_i + t_{mN+1}) \bmod u\}$$

步骤 6：参与者将 OS_i 发送给云服务器以便实现数据的外包存储和外包计算

7.4.1.2　门限并集外包计算

上一阶段结束后，云服务器收到所有参与者发送的外包数据集合 $OS_i (i = 0, 1, \cdots, m)$。假设参与者 P_j 请求获得集合的并集，下面通过参与者和云服务器的交互完成外包计算见表 7 – 11。

表 7 – 11　门限并集外包计算

步骤 1：云服务器对除了 P_j 外的其他参与者广播 (ID_{P_j}, pk)

步骤 2：如果参与者 P_i 同意贡献自己的秘密集合，则使用 P_j 的公钥加密随机混淆因子得到密文集合 $Enc(T_i)$ 并将该密文发送给云服务器

$$Enc(T_i) = \{Enc_{pk}(t_1), Enc_{pk}(t_2), \cdots, Enc_{pk}(t_{mN+1})\}$$

如果参与者 P_i 不同意贡献自己的秘密集合，则向云服务器发送拒绝提供秘密集合的口令

步骤 3：云服务器收到所有参与者发回的信息后，如果有一个或一个以上的参与者拒绝提供秘密集合的口令，则终止计算。如果所有参与者都同意计算集合并集，则执行如下计算

$$z_j = \left(\prod_{i=1}^{m} Enc_{pk}(OS_i^j) \right) \times \left(\prod_{i=1}^{m} Enc(T_i^j) \right)^{-1}$$

其中，$1 \leqslant j \leqslant x_{mN+1}$

计算结束后，云服务器得到密文集合 Z 满足

$$Z = \{z_1, z_2, \cdots, z_{mN+1}\}$$

根据拉格朗日多项式插值公式，以 $\{(x_1, Dec_{sk}(z_1)), (x_2, Dec_{sk}(z_2)), \cdots, (x_{mN+1}, Dec_{sk}(z_{mN+1}))\}$ 为根的多项式可以表示为

$$F(x) = \sum_{i=1}^{mN+1} \prod_{j=1, j \neq i}^{mN+1} \frac{(x - x_j)}{(x_i - x_j)} Dec_{sk}(z_i)$$

根据多项式导数的性质可知

$$F^{(t)}(x) = \sum_{i=1}^{mN+1} \left(\prod_{j=1,j\neq i}^{mN+1} \frac{(x-x_j)}{(x_i-x_j)} Dec_{sk}(z_i) \right)^{(t)}$$

其中，$F^{(t)}(x)$ 表示 $F(x)$ 的 t 阶导数

又由于

$$\prod_{j=1,j\neq i}^{mN+1} \frac{(x-x_j)}{(x_i-x_j)} Dec_{sk}(z_i) = \frac{Dec_{sk}(z_i)}{\prod_{j=1,j\neq i}^{mN+1}(x_i-x_j)} \prod_{j=1,j\neq i}^{mN+1}(x-x_j)$$

因此

$$F^{(t)}(x) = \sum_{i=1}^{mN+1} \left(\frac{Dec_{sk}(z_i)}{\prod_{j=1,j\neq i}^{mN+1}(x_i-x_j)} \prod_{j=1,j\neq i}^{mN+1}(x-x_j) \right)^{(t)}$$

根据 Pailliar 加密方案的同态性可知

$$Enc_{pk}(F^{(t)}(x)) = \sum_{i=1}^{mN+1} \left(Enc_{pk}\left(\prod_{j=1,j\neq i}^{mN+1}(x_i-x_j) \right)^{\sqrt{z_i}} \prod_{j=1,j\neq i}^{mN+1}(x-x_j) \right)^{(t)} \qquad （公式7-2）$$

云服务器利用（公式7-2）计算得到

$$Enc_{pk}(F^{(t)}(x)) = c_{mN+1-t}x^{mN+1-t} + c_{mN-t}x^{mN-t} + \cdots + c_0$$

计算结束后，云服务器将上述加密多项式的系数发送给 P_j

步骤4：P_j 收到加密多项式的系数后，使用其私钥 sk 解密得到多项式 $F^{(t)}(x)$

步骤5：P_j 计算 $F^{(t)}(x) = 0$ 的所有根，这些根构成参与者集合的门限并集

8 保护隐私的集合运算的应用

保护隐私的集合运算协议本身就是一个吸引学者研究的小领域。同时,保护隐私的集合运算协议还可以被作为底层协议解决其他现实生活中的应用问题。本章给读者展示保护隐私的集合运算在几何、生命科学和社交网络中的应用。事实上,保护隐私的集合运算还有很多其他应用领域,感兴趣的读者可以阅读相关参考文献。

8.1 保护隐私的集合运算在几何中的应用

APSD(All Pairs Shortest Distance,APSD)问题是一个经典问题,是指找出所有顶点之间的最短距离。保护隐私的 APSD 算法具有很重要的应用价值。考虑如下问题:两个运输公司出于经济成本和公司发展考虑,希望合并他们的部分航线。但是,在确认是否合并之前,他们希望在不泄漏自己航线的前提下知道合并航线之后各城市之间运输路径会缩短多少。上述问题就是保护隐私的APSD 算法的典型应用场景。布里克尔(Justin Brickell)和沙玛提科夫(Vitaly Shmatikov)基于保护隐私的集合并集协议设计了保护隐私的 APSD 协议。

【协议 8 – 1】保护隐私的 APSD 协议

记 $APSD(G)$ 返回一个完全图 $G' = (V, E', w')$,其中 $w'(e_{ij}) = d_c(i,$

j),V是图G中的原始顶点的集合。$d_G(i,j)$是G中从顶点i到j的最短距离。协议的输入是两个参与者的完全图G_1和G_2,可以是有向图和无向图,但图中权值必须为正。

步骤1:令变量k代表算法的迭代次数,其初始值为1。将E中边的颜色标记为蓝色,$B^{(k)}$代表第k次迭代时E中蓝色边的集合,令$B^0 = E$。令$R^{(k)}$代表第k次迭代时边集合E中红色边的集合,$R^{(k)} \overset{def}{=} E - B^{(k)}$。当红边的长度达到极值后就不再变化,但此时蓝边的长度可能仍然在减少。

步骤2:构建一个公开图$G_0^{(0)} = (V,E,w_0^{(0)})$。该图中所有边的权值被初始化为$w_0^{(0)}(e) = \infty$。当本算法在$n$次迭代结束后,我们将得到$w_0^{(n)}(e_{i,j}) = d_G(i,j)$,$B^{(n)} = \varnothing$。

步骤3:参与者们计算下列公开值

$$m_0^{(k)} = min(w_0^{(k-1)}(e)),当 e \in B^{(k-1)}$$

参与者们分别计算下列私有值

$$m_1^{(k)} = min(w_1(e)),当 e \in B^{(k-1)}$$

$$m_2^{(k)} = min(w_2(e)),当 e \in B^{(k-1)}$$

步骤4:利用保护隐私的最小值协议,现在各参与者秘密地计算三个图中所有蓝边的最小值,$m^{(k)} = min(min(m_1^{(k)}, m_0^{(k)}), min(m_2^{(k)}, m_0^{(k)}))$。该协议不会泄漏较长边的值。

步骤5:参与者构建如下公共集合

$$S_0^{(k)} = \{e \mid w_0^{(k-1)}(e) = m^{(k)}\}$$

并分别构建私有集合

$$S_1^{(k)} = \{e \mid w_1(e) = m^{(k)}\}$$

$$S_2^{(k)} = \{e \mid w_2(e) = m^{(k)}\}$$

易知,$S_0^{(k)}, S_1^{(k)}, S_2^{(k)}$仅包含蓝边。

步骤6:首先,利用保护隐私的集合并集算法,参与者计算并集 $S^{(k)} = S_0^{(k)} \cup S_1^{(k)} \cup S_2^{(k)}$。然后,将边 $e \in S^{(k)}$ 通过如下运算从蓝边设置为红边 $B^{(k)} = B^{(k-1)} - S^{(k)}$。定义权重方程 $w_0^{'(k)}$ 为 $w_0^{'(k)}(e) =$
$$\begin{cases} m^{(k)}, & e \in S^{(k)} \\ w_0^{(k-1)}(e), & \text{其他} \end{cases}$$

步骤7:验证三角关系,一个边是 $e_{ij} \in S^{(k)}$,一个边是 $e_{jk} \in R^{(k)}$,另一个边是 $e_{ik} \in B^{(k)}$。如果 $w_0^{'(k)}(e_{ij}) + w_0^{'(k)}(e_{jk}) < w_0^{(k)}(e_{ik})$,则定义 $w_0^{(k)}(e_{ik}) = w_0^{(k)}(e_{ij}) + w_0^{(k)}(e_{jk})$。对所满足有一个边是 $e_{ij} \in S^{(k)}$,一个边是 $e_{jk} \in R^{(k)}$,另一个边是 $e_{ik} \in B^{(k)}$ 的三角形做同样的运算。

步骤8:如果还存在蓝边,则跳转到步骤3;否则停止操作。图像 $G_0^{(k)}$ 就是 $APSD(G)$ 的解。

8.2　保护隐私的集合运算在社交网络中的应用

近几年来,社交网络网站和应用程序迅速发展,社交应用已经成为网民访问最频繁的互联网应用之一。然而,社交应用中的隐私保护问题也日益突出。例如,著名社交网站 LinkedIn 允许两个用户发现他们之间的关系路径,但是 LinkedIn 是集中式网站,服务器掌握了所有的拓扑信息。当前对社交网络中隐私保护技术的研究已经取得了一定的进展。波格丹·C.波佩斯库(Bogdan C. Popescu)等人使用分布式技术实现社交网络用于防止政府监控。迈克尔·F.弗里德曼(M. J. Freedman)等人使用两个用户之间的社交关系亲密度作为衡量社交网络 Email 中收件箱白名单的指标。该文献中研究了关系路径距离 $d = 2$ 时的情况,以及更长的关系路径距离下的情况。可惜的是,对于后面这种情况,该文献提出的方案并不是安全的。

何塞普·多明戈 – 费雷尔(Josep Domingo – Ferrer)提出了一个分布式社交网络中的隐私关系路径发现协议,但该协议要求两个参与者之间的中间节点(用户)同时实时在线。吉塔·麦道尔(Ghita Mezzour)等人基于保护隐私的集合交集协议设计了社交网络中的隐私关系路径发现协议。该协议中的隐私性是指两个社交网络用户可以发现他们之间的隐私关系路径,除此之外,他们不能获得其他更多有价值的信息。本节重点介绍麦道尔等人基于保护隐私的集合交集协议。

社交网络的基本功能之一是使用关系图来连接用户。两个用户通过关系图可以找到他们之间的关系路径,而这种关系路径可以显示出两个用户之间某种关系的密切程度。例如,当关系路径表示两个用户之间的可信任程度时,和某个用户 P_n 关系路径越短的用户 P_m 应该也值得信赖。然而,用户之间的关系作为一种敏感的隐私信息,如果继续被社交网络无限滥用,也会引发很多问题。例如,很多不法分子可以通过用户关系路径找到他们感兴趣的大量目标群体,从而进一步实施监视等不法活动。

麦道尔等人的协议包含两个阶段,令牌泛洪阶段和路径发现阶段。令牌泛洪阶段要求用户实时在线,以便用户之间交互混淆拓扑信息。在这个阶段,每个用户都向他的好友发送加密令牌,然后由好友将其收到的加密令牌经过处理之后再发送出去。通过预先设置加密令牌的跳数,可以控制一个加密令牌被传递给多少人。路径发现阶段发生在两个用户发起隐私路径发现请求后,他们可以基于上一阶段的混淆拓扑信息发现隐私路径。

我们使用 p 代表社交网络中的某个用户,$|p|$ 代表用户 p 的好友个数,p_i 代表 p 的第 i 个好友。

【协议 8 - 2】社交网络中隐私关系路径发现协议

令牌泛洪阶段：

步骤 1：用户 p 首先产生随机数 z。对于 p 的每一个好友 o_i，其中 $i = 1, 2, \cdots, |p|$，p 计算 $T_i = H(z || i)$ 并将令牌 $(d = 1, T_i = H(z || i))$ 发送给 o_i。

步骤 2：当用户 r 收到他的好友 r_i 发来的令牌 (d, T) 时，r 将令牌 (r_i, d, T) 加入其接收令牌列表中。如果 $d < d_{max}$，对于 r 的每一个好友 r_j，其中 $j = 1, \cdots, |r|$ 并且 $j \neq i$，r 计算 $T_j = H(T || j)$ 并将令牌 $(d + 1, T_j = H(T || j))$ 发送给 r_j。

步骤 3：每一个用户 o 按照下面的步骤创建自己的哈系树，即发送令牌列表。首先，将用户 o 发送给其好用的令牌信息加入到哈系树中，即对于 $i = 1, 2, \cdots, |o|$ 把 $(o_i, 1, T_i = H(z || i))$ 插入到哈系树中。然后，对于每一个 $i = 1, 2, \cdots, |o|$，如果 $d < d_{max}$，则将 $(o_i, d + 1, T_j = H(T || j))$ 插入到哈系树中，其中 $j = 1, \cdots, deg_{max}$。

路径发现阶段：

假设用户 u 和 v 希望发现他们之间的隐私关系路径。用户 u 和 v 调用保护隐私的集合交集协议。其中，用户 u 的角色为客户端，输入信息是他的哈系树集合；用户的角色是服务器，输入信息是他的接收令牌列表。保护隐私的集合交集协议结束后，u 获得其哈系树中所需信息 (u_k, d_k, T_k)。使用 (u_k, d_k, T_k)，u 即可获得私有关系路径 (u, u_k, d_k, v)。

8.3　保护隐私的集合运算在生命科学中的应用

近几年来，DNA 测序技术迅速发展，人类基因组信息逐渐被破译。各种基因应用不断被提出并试图占领市场,利用基因治疗更多的疾病已经成为当前生物医药学发展的一种趋势。然而,众多基因应用尤其是个性化的基因应用在推广的过程中,很容易侵犯个人的隐私。一个生物体的基因信息对于个体而言是重要的隐私信息。因此,研究基因应用中的隐私保护技术是十分必要的。

基因组包含了一个细胞或有机生物体的全部遗传信息,由单倍体细胞中包括编码序列和非编码序列在内的全部 DNA 分子或 RNA 分子组成。DNA,又称为脱氧核糖核酸,是一种存储遗传指令的长链聚合物。大多数 DNA 分子含有两条由四种核苷酸组成的互补长链。这四种核苷酸分别是腺嘌呤(adenine,缩写为 A),胸腺嘧啶(thymine,缩写为 T),胞嘧啶(cytosine,缩写为 C)和鸟嘌呤(guanine,缩写为 G)。人类基因组大概由 30 亿个核酸组成序列。由于世界上没有任何两个人拥有完全相同的 30 亿个核苷酸的组成序列,从而形成了人的遗传多态性。

基因应用中常用的生物学技术有限制性片段长度多态性技术、单核苷酸多态性技术、短串联重复序列技术等。由于生物学技术不是本书的研究重点,下面仅作简单的介绍。

限制性片段长度多态性(Restriction Fragment Length Polymorphism, RFLP)技术由人类遗传学家戴维·博特斯坦(David Botstein)于 1980 年提出。它是第一代 DNA 分子标记技术。海伦·多尼斯-凯勒(Helen Donis - Keller)利用此技术于 1987 年构建成第一张人类遗传图谱。DNA 分子水平上的多态性检测技术是进行基因组研究的基础。RFLP 是根据不同品种(个体)基因组的限制性内切酶的酶切位点碱基发生突变,或酶切位点之间发生了碱基的插入、缺失,导致酶切片段大小发生了变化,这种变化可以通过特定探针杂交进行检测,从而可比较不同品种(个体)的 DNA 水平的差异(即多态性),多个探针的比较可以确立生物的进化和分类关系。所用的探针为来源于同种或不同种基因组 DNA 的克隆,位于染色体的不同位点,从而可以作为一种分子标记构建分子图谱。RFLP 目前已被广泛用于基因组遗传图谱构建、基因定位、亲子鉴定、遗传疾病等领域的研究中。

单核苷酸多态性(Single Nucleotide Polymorphism,SNP),主要是指在基因组水平上由单个核苷酸(A,C,G,T)的变异所引起的 DNA 序列多态性。它是人类可遗传的变异中最常见的一种,占所有已知多态性的 90% 以上。SNP 在人类基因组中广泛存在,平均每 500 ~ 1 000 个碱基对中就有 1 个,估计其总数可达 300 万个甚至更多。SNP 适合用于个体生物对病菌、毒品、疫苗等的反应研究,因此,SNP 在个性化生物制药中有着广泛的应用。

人类基因组 DNA 中有 10% 是串联重复序列,又被称为卫星 DNA。按重复单位的长短,又可分为大卫星、中卫星、小卫星和微卫星。其中重复单位仅由 2 – 6bases 组成的叫微卫星(microsatellite analysis),又被称为短串联重复序列(Short Tandem Repeat,STR)。STR 是存在于人类基因组 DNA 中的一类具有长度多态性的 DNA 序列,不同数目的核心序列呈串联重复排列,而呈现出长度多态性。一般认为,人类基因组 DNA 中平均每 6 ~ 10kb 就有一个 STR 位点,其多态性成为法医物证检验个人识别和亲子鉴定的丰富来源。

实现基因应用中的隐私保护,实际上就是在使用上述生物学技术的同时巧妙地引入密码学技术。本节主要介绍皮埃尔·鲍迪(Pierre Baldi)等人如何使用保护隐私的集合运算协议实现亲子鉴定、个性化医疗、遗传病风险检测中的隐私保护。

8.3.1 保护隐私的亲子鉴定技术

亲子鉴定(Genetic Paternity Test,GPT)是指两个个体通过比对其基因组信息判断他们之间是否存在亲子关系。研究表明,人类基因组中约99.5%的内容是相同的。一个个体会从他的父亲和母亲那里分别获得一半的染色体信息。因此,具有亲子关系的两个个体的基因组信息的相似程度更高。基于上述原理,亲子鉴定可以通过比对两个个体基因组的相似程度进行,当两个个体基因组的相似程度高于某个阈值(例如,高于99.5%)时,则鉴定者两个个体具有亲子关系;否则,两个个体之间不具有亲子关系。

保护隐私的亲子鉴定测试(Privacy-preserving Genetic Paternity Test,PPGPT)是在不泄露双方基因组信息的前提下实现亲子鉴定的技术。使用保护隐私的集合交集基数协议实现 PPGPT 似乎是一个不错的选择。此时,我们将进行亲子鉴定的两个参与者的基因组信息作为参与者的输入秘密集合,当输出基数高于阈值时,鉴定结果为两个参与者之间具有亲子关系,否则两个参与者之间不是亲子关系。然而,由于输入集合即代表人类基因组信息的集合太大,使用基于保护隐私的集合交集基数协议实现一次保护隐私的亲子鉴定测试需要较长时间。皮埃尔·鲍迪等人的实验结果表明,此时两个参与方均需要连续运行九天时间完成一次测试。显然这种做法无法推广应用。对基因学稍有研究的读者可能会提出,既然人类基因组信息中约99.5%的内容是相同的,能否只对不同的0.5%的基因组信息进行比较。这似乎是一个不错的选择,可惜的是,当前技术很难定位到这些不同的基因组信息的准确位置。

RFLP 技术通过使用一些特殊的限制性酶将一个基因组序列分解为上百个相对较小的基因组片段,然后再使用一些已知的探针将这些片断中的一些子集筛选出来进行后续实验,如亲子鉴定测试。为了提高测试效率,鲍迪等人基于 RFLP 技术提出了保护隐私的亲子鉴定测试协议。

假设每个参与者都有一份自己的全序列基因组的数字副本，记作 $G = \{(b_1 \| 1), \cdots, (b_n \| n)\}$，其中 $b_i \in \{A, G, C, T, -\}$，$n$ 是人类基因组长度约 $3 \cdot 10^9$，$\|$ 是串联符号。为了提高协议的操作效率，很多步骤是在预处理阶段完成的。例如，参与者可以预先对每个核苷酸进行哈希运算，对于每一个 $(b_i \| i) \in G$，计算 $hb_i = Hash(b_i \| i)$。我们使用 $| str |$ 代表字符串 str 的长度；$| A |$ 代表集合 A 的基数，即集合的大小；$r \leftarrow R$ 代表从集合 R 中均匀随机的选择数据 r。

下面使用客户端和服务器指代参与保护隐私的亲子鉴定测试的两个参与方，测试技术后，客户端得知测试结果，服务器端输出信息为空。

【协议 8 – 3】基于 RFLP 的 PPGPT 协议

参与者：$Client, Server$。

输入信息：参与者分别输入自己的私有全序列基因组。

系统参数：阈值 τ，酶集合 $E = \{e_1, \cdots, e_j\}$，标记集合 $M = \{mk_1, \cdots, mk_l\}$。

协议步骤：

步骤 1：各参与者使用酶集合中的每一种酶 $e_i \in E$ 对其输入基因组进行酶切。例如，假设当前使用 PSTI 酶进行酶切，当出现 CTGCAG 时，PSTI 酶将基因组切割为两部分，第一部分以 CTGCA 结束，第二部分以 G 开始。所有酶切完成后，基因组序列被切割为大小不等的许多个片断。

步骤 2：各参与者使用标记集合 M 对应的探针处理各自的片断。在这个处理过程中，根据标记集合 M 的特点，每个参与者至多选择 l 个片断 $\{frag_1, \cdots, frag_l\}$。例如，可以选择 $l = 25$。剩余的所有片断都被丢弃掉了。

步骤 3：客户端构建集合 $F_C = \{(| frag_i^{(c)} |, mk_i)\}_{i=1}^{l}$。对于每一个标

记 i，使用空字符串代替 $frag_i^{(c)}$。同样地，服务器端构建集合 $F_S = \{(\mid frag_i^{(s)} \mid, mk_i)\}_{i=1}^{l}$。

步骤4：服务器和客户端运行保护隐私的集合交集基数协议。其中，服务器的隐私输入集合为 F_S，客户端的隐私输入集合为 F_C。协议结束后，客户端得到 $pt = \mid F_C \cap F_S \mid$。可以看出，$pt$ 代表客户端和服务器的片断集合中大小相等的片断个数。

步骤5：客户端比对 pt 和阈值 τ 的大小，从而得知测试结果。

由于使用了 RFLP 技术，两个参与者调用保护隐私的集合交集基数协议时，输入集合的大小已经远远小于直接输入全序列基因组信息集合，因此协议效率得到较大提高。上述协议的安全性取决于所使用的保护隐私的集合交集基数协议的安全性。

8.3.2　保护隐私的个性化医疗测试协议

个性化医疗(Personalized Medicine)，又称精准医疗，是指以个人基因组信息为基础，为病人量身设计出最佳治疗方案，以期达到治疗效果最大化和副作用最小化的一种定制医疗模式。在个性化医疗中，每种药物都有自己独特的基因指纹。当拥有特定 DNA 的病人服用了具有匹配基因指纹的药物时，可以最大限度地发挥药物的治疗功效。因此，当病人接受个性化医疗服务时，需要比对病人的基因组信息和药物的基因指纹。由于基因组信息是一个生物体的重要隐私信息，因此病人往往不希望直接将个人的基因组信息告诉制药公司。另一方面，制药公司通常也不希望直接提供药物的基因指纹，尤其是新研制的药物。当然，新药物的上市要受到政府部门的监管。例如，在美国一家制药公司如果想上市一款新药物，要获得美国食品药品监督管理局的批准。

下面介绍鲍迪等人提出的保护隐私的个性化医疗测试协议(Privacy-preserving Personalized Medicine Testing, P^3MT)。该协议是基于美国医疗现状提出的。要完成该协议,要求制药公司获得美国食品药品监督管理局对具有特定基因指纹 fp 的药物的认证,并获得认证信息 $auth$。协议在保护制药公司药物的基因指纹信息和病人的基因组信息的同时,实现了个性化医疗测试。即协议结束后,制药公司无法得知病人基因组中除了匹配药物基因指纹部分的其他基因信息,病人无法得知关于药物基因指纹和认证的任何信息。

鲍迪等人提出的保护隐私的个性化医疗测试协议使用了克里斯托法罗(E. De Cristofaro)等人提出的基于认证的保护隐私的集合交集协议(Authorized Private Set Intersection, APSI),我们在第6章中对 APSI 进行了详细的介绍,建议读者首先阅读该章节。

【协议 8 - 4】保护隐私的个性化医疗测试协议

参与者:制药公司使用 *Client* 表示,病人使用 *Server* 表示,药物认证机构使用 CA 表示。

输入信息:*Server* 输入自己的私有全序列基因组信息,*Client* 输入某种药物的基因指纹和认证信息 $(fp, auth)$。

协议步骤:

离线阶段:

步骤1:CA 调用 RSA 公钥加密系统中的密钥生成算法,生成系统公私钥对 $((N, e), d)$。CA 公布公钥 (N, e)。

步骤2:客户端生成药物 D 对应的基因指纹 D: $fp(D) = \{(b_j^* \| j)\}$。

步骤3:客户端对药物 D 进行认证,如果认证机构 CA 通过认证,客户端获得认证信息 $auth(fp(D)) = \{\sigma_j \mid \sigma_j = H(b_j^* \| j)^d \bmod N\}$。

步骤 4：服务器运行 APSI 中的离线协议，此时服务器输入信息 $G = \{(b_1 \| 1), \cdots, (b_n \| n)\}$。运行完离线协议后，服务器输出 $\{ts_1, \cdots, ts_n\}$。

在线阶段：

步骤 1：客户端和服务器共同运行 APSI 的在线协议。其中，客户端输入 $(fp(D), auth(fp(D)))$，服务器输入 G。

步骤 2：APSI 协议结束后，客户端得知 $fp(D) \cap G$，客户端可以根据 $fp(D) \cap G$ 判断当前病人是否适用药物 D。

8.3.3 保护隐私的遗传病风险检测技术

基于基因组信息的遗传病风险检测可以评估一个生物体是否具有患某种遗传疾病的风险。有些遗传病患者会表现出特定的病症，但有一部分遗传病患者没有任何明显症状。因此，仅仅通过是否具有患病病症无法判断一个生物体是否患有某种遗传疾病。但是，遗传病病人的基因中存在基因突变，这是当前评估一个生物体是否具有患某种遗传疾病的风险的科学手段。现实生活中，对于直系亲属患有遗传性疾病的个体，他们往往希望进行遗传病风险检测，以确定自己患有同样遗传性疾病的概率；遗传病病人及他们的配偶可能也希望做遗传病风险检测，以评估他们的后代患有遗传病的可能性。保护隐私的遗传病风险检测是指通过检测机构和检测者的合作，检测机构得知检测者是否存在患有某种遗传疾病 D 的风险，但是出于隐私保护的考虑，检测机构不能得知测试者的其他基因组信息。

【协议 8-5】保护隐私的遗传病风险检测协议

参与者：检测公司使用 *Client* 表示，测试者使用 *Server* 表示。

输入信息：*Server* 输入自己的私有全序列基因组信息 G，*Client* 输入某种遗传性疾病 $\hat{D}$ 的基因指纹。

协议步骤：

步骤 1：客户端生成遗传病 $\hat{D}$ 的基因指纹 $fp(\hat{D}) = \{(b_j^* \| j)\}$。

步骤 2：客户端和服务器执行保护隐私的集合交集协议。其中，客户端输入 $fp(\hat{D})$，服务器输入 G。保护隐私的集合交集协议执行完成后，客户端得知 $fp(\hat{D}) \cap G$。

步骤 3：客户端根据 $fp(\hat{D}) \cap G$ 判断服务器，即检测者是否有患病风险。

可以看出，上述协议的安全性依赖于所使用的底层保护隐私的集合交集协议的安全性。

参考文献

[1] C Asmuth, J Bloom. A modular approach to key safeguarding[J]. IEEE transactions on information theory. 1983, 29(2):208 – 210.

[2] R Agrawal, A Evfimievski, R Srikant. Information sharing across private databases[C]. SIGMOD, 2003.

[3] L V Ahn, N J Hopper, J Langford. Covert two – party computation [C]. ACM Symposium on Theory of Computing, 2005: 513 – 522.

[4] M Ackermann, K Hymon, B. Ludwig, and K. Wilhelm. Helloworld: An open source, distributed and secure social network[C]. W3C Workshop on the Future of Social Networking, 2009(1).

[5] G Asharov, A Jain, A Lopez – Alt et. al. Multiparty computation with low communication, computation and interaction via threshold FHE[C]. EUROCRYPT, 2012: 483 – 501.

[6] Y Aumann, Y Lindell. Security Against Covert Adversaries: Efficient Protocols for Realistic Adversaries[C]. TCC, 2007.

[7] G Asharov, Y Lindell, T Schneider, M. Zohner. More efficient oblivious transfer and extensions for faster secure computation[C]. ACM Computer and Communications Security (CCS13), 2013:535 – 548.

［8］B Applebaum, H Ringberg, M J Freedman et. al. Collaborative, privacy – preserving data aggregation at scale［C］. PETS, 2010.

［9］C C Aggarwal, P S Yu. Privacy – preserving data mining – models and algorithms［J］. Advances in Database Systems, 2008.

［10］B Bloom. Space/Time Trade – offs in Hash Coding with Allowance Errors［C］. Communication of the ACM,1970,13(7).

［11］G R Blakley. Safeguarding cryptographic keys［C］. National Computer Conference,1979(48):313 – 317

［12］M Blum. Coin flipping by telephone［C］. Proceedings of IEEE Sprint COMPCOM, 1982:133 – 137.

［13］D Beaver. Efficient multiparty protocols using circuit randomization ［C］. Advances in Cryptology – CRYPTO, volume 576 of LNCS, 1991: 420 – 432.

［14］P Baldi, R Baronio, E De Cristofaro, et. al. Countering gattaca: efficient and secure testing of fully – sequenced human genomes［C］. ACM Conference on Computer and Communications Security, 2011:691 – 702.

［15］S Bellovin, W Cheswick. Privacy – Enhanced Searches Using Encrypted Bloom Filters2008［R］. Crytology ePrint Archive Report,2004(022).

［16］M Blum, P Feldman, S Micali. Non – interactive zero – knowledge and its applications (extended abstract) ［C］. Proceedings of the 20th ACM Symposium on Theory of Computing. New York: ACM Press, 1988:103 – 112.

［17］P Bose, H Guo, E Kranakis, et. al. On the false – positive rate of bloom filters［J］. Information Processing Letters, 2008,108(4):210 – 213.

［18］E Bursztein, M Hamburg, J Lagarenne et. al. Openconflict: Preventing real time map hacks in online games[C]. IEEE Symposium on Security and Privacy, 2011:506 – 520.

[19] I F Blake, V Kolesnikov. Strong conditional oblivious transfer and computing on intervals[C]. In Proceedings of Advances in Cryptology – ASIA-CRYPT'04, 2004:515 – 529.

[20] D Beaver, S Micali, P Rogaway. The round complexity of secure protocols[C]. Proceedings of the twenty – second annual ACM symposium on Theory of computing, 1990:503 – 513.

[21] M Bellare, C Namprempre, D Pointcheval, M Semanko. The one – more – RSA – inversion problems and the security of Chaum's blind signature scheme[J]. Journal of Cryptology 2008,16(3): 185 – 215.

[22] J Brickell, V Shmatikov. Privacy – preserving graph algorithms in the semi – honest Model[M]. The University of Texas at Austin, Austin Tx 78712 USA, 2005.

[23] D Chaum. Untraceable electronic mail, return addresses, and digital pseudonyms[J]. Communications of the ACM, ACM, 1981, 24(2):84 – 88.

[24] D Chaum. Security without identification: transaction systems to make big brother obsolete[C]. Communications of the ACM, 1985,28(10): 1030 – 1044.

[25] C W Chan, C C Chang. A scheme for threshold multi – secret sha-ring[J]. Applied Mathematics and Computation. 2005, 166(1):1 – 14.

[26] J Camenisch, M Dubovitskaya, K Haralambiev. Efficient structure – preserving signature scheme from standard assumptions[C]. SCN 12, 2012: 76 – 94.

[27] Chor B, Goldwasser S, Micali S et al. Verifiable secret sharing and achieving simultaneity [C]. Proceedings of the 26th IEEE Symposium on the Foundations of Computer Science. Washington: IEEE Computer Sociey, 1985.

[28] Emiliano De Cristofaro, Paolo Gasti, Gene Tsudik. Fast and Private Computation of Cardinality of Set Intersection and Union [R]. Cryptology ePrint Archive, Report 2011/141, 2011. http://eprint.iacr.org/2011/141.

[29] S G Choi, K W Hwang, J Katz, et. al. Secure multi-party computation of Boolean circuits with application to privacy in on-line marketplaces [C]. Cryptographyer's Track at the RSA Conference, 2012: 416 – 432.

[30] H Y Chien, J K Jan, Y M Tseng. A practical (t,n) multi-secret sharing scheme [C]. IEICE Transactions on Fundamentals, 2000, E83 – A (12):2762 – 2765.

[31] E De Cristofaro, J Kim, G Tsudik. Linear-complexity private set intersection protocols secure in malicious model [C]. ASIACRYPT, 2010: 213 – 231.

[32] S G Choi, J Katz, H Wee, et. al. Efficient, adaptively secure, and composable oblivious transfer with a single, global CRS [C]. PKC, 2013:73 – 88.

[33] J S Coron, D Naccache, M Tibouchi. Public-key compression and modulus switching for fully homomorphic encryption over the integers [C]. EU-RPCRYPT, 2012:446 – 464.

[34] E De Cristofaro, G Tsudik. Practical private set intersection protocols with linear complexity [C]. Financial Cryptography, 2010:143 – 159.

[35] E De Cristofaro, G Tsudik. Experimenting with fast private set intersection [C]. TRUST, 2012:55 – 73.

[36] Jan Camenisch, Gregory Zaverucha. Private intersection of certified sets[C]. Financial Cryptography and Data Security, 2009:108 - 127.

[37] J Domingo - Ferrer. A public - key protocol for social networks with private relationships[C]. Modeling Decisions for Artificial Intelligence, 2007.

[38] C Y Dong, L Q Chen, Z K Wen. When private set intersection meets big data: an efficient and scalable protocol[C]. CCS, 2013.

[39] Emiliano De Cristofaro, Stanislaw Jarecki, Jihye Kim, and Gene Tsudik, Privacy - Preserving Policy - Based Information Transfer[C], PETS, 2009:164 - 183.

[40] M H Dehkordi, S Mashhadi. New efficient and practical verifiable multi - secret sharing schemes[J]. Information Sciences, 2008, 178(9): 2262 - 2274.

[41] D. Dachman - Soled, T. Malkin, M. Raykova, and M. Yung. Efficient robust private set intersection[C]. ACNS,2009:125 - 142.

[42] I Damard, J B Nielsen, C Orlandi. Essentially optimal universally composable oblivious transfer[C]. Information security and Cryptology - ICISC 2008, Seoul, Korea, 2008:318 - 335.

[43] C E De, G Tsudik. Practical private set intersection protocols with linear complexity[C]. Financial Cryptography and Data Security, Tenerife, Canary Islands, 2010: 143 - 159. doi: 10. 1007/978 - 3 - 642 - 14577 - 3_13.

[44] F G Deng, H Y Zhou, G L Long. Bidirectional quantum secret sharing and secret splitting with polarized single photons[J]. Phys Lett, 2005 (A337):329.

［45］S Even, O Goldreich, A Lempel. A random protocol for sign contracts［C］. Communications of the ACM28, 1985:218 –229.

［46］K B Frikken. Privacy – preserving set union［C］. Applied Cryptography and Network Security, Zhuhai, China, 2007:237 –252. doi: 10. 1007/ 978 – 3 –540 –72738 –5_16.

［47］Tore Kasper Frederiksen, Thomas Pelle Jakobsen, Jesper Buus Nielsen, Peter Sebastian Nordholt, and Claudio Orlandi. MiniLEGO: Efficient Secure Two – Party Computation from General Assumptions［J］. Thomas Johansson and Phong Nguyen, editors, EUROCRYPT, 2013:537 –556.

［48］M J Freedman, A Nicolosi. Efficient private techniques for verifying social proximity［C］. Proceedings of International Workshop on Peer – to – Peer Systems, 2007.

［49］M J Freedman, K Nissim, B. Pinkas. Efficient private matching and set intersection［C］. EUROCRYPT, 2004.

［50］E Fujisaki, T Okamoto. A practical and provably secure scheme for publicly verifiable secret sharing and its application［C］. EUROCRYPT, Berlin:Springer – Verlag. 1996: 32 –46.

［51］A Fujioka, T Okamoto, K Ohta. A practical secret voting scheme for large scale elections［C］. Proceedings. Workshop on the Theory and Application of Cryptographic Techniques, 1992:244 –251.

［52］M Franklin, M Reiter. The design and implementation of a secure auction service［J］. IEEE Trans. on Software Engineering, 1996, 22(5): 302 –312.

［53］T E Gamal. A public key cryptosysterm and a signature scheme based on discrete logarithms[J]. IEEE transanction on information theory. 1985,31(4):469 – 472.

[54] O Goldreich. Secure Multi – party Computation[EB/OL]. http:// theory. lcs. mit. edu / ~ oded.

[55] O Goldreich. Cryptography and cryptographic protocols[R]. Manuscript, 2001(9).

[56] S Goldwasser. Multi – party computations: past and present[C]. In: Proceedings of the sixteenth annual ACM symposium on Principles of distributed computing. USA. 1997: 21 – 24.

[57] E Goh. Secure Indexes[R]. Cryptology ePrint Archive Report 2003/216, 2003.

[58] C Gentry. Fully homomorphic encryption using ideal lattices[C]. Proceedings of the 41th annual ACM symposium on Theory of computing, USA: ACM, 2009:169 – 178.

[59] V Guleria, R Dutta. Lightweight universally composable adaptive oblivious transfer[C]. Network and System Security,2014:285 – 298.

[60] G P Guo, G C Guo. Quantum secret sharing without entanglement [J]. Phys Lett, 2003(A310): 247 – 251.

[61] M Green, S Hohenberger. Universally composable adaptive oblivious transfer[C]. ASIACRYPT 2008, 2008:179 – 197.

[62] C Gentry, S Halevi. Implementing Gentry's full homomorphic encryption scheme[C]. EURPCRYPT, 2011: 129 – 148.

[63] S Goldwasser, S Micali. Probabilistic encryption[J]. Journal of Computer and Systems Science, 28(2), 1984: 270 – 299.

［64］S Goldwasser, S Micali, C Rackoff, The knowledge complexity of interactive proof systems［C］, Proceedings of the 17th Annual ACM Symposium on Theory of Computing, 1985:291 – 304.

［65］S Goldreich, S Micali, R Rivest. A digital signature scheme secure against adaptive chosen message attack［J］. SIAM J Computing, 1988: 281 – 308.

［66］V Goyal, P Mohassel, A Smith. Efficient two party and multi party computation against covert adversaries［C］. EUROCRYPT,2008: 289 – 306.

［67］O Goldreich , S Micali, A Wigderson. How to play any mental game［C］. The 19rd Annual ACM Conference on Theory of Computing, 1987: 218 – 229.

［68］G Gordon, G Rigolin. Generalized quantum – state sharing［J］. Phys Rev,2006(A73):062316.

［69］S Halevi. Efficient commitment with bounded sender and unbounder receiver［C］. Proceedings Crypto 1995, Berlin: Spring – Verlag, 1995(963), 84 – 96.

［70］Y Hao. Scheme for generalized quantum state sharing of a single – qubitstate in cavity QED［J］. Common Theory Phys, 2009(51):424 – 428.

［71］C Hazay. Oblivious polynomial evaluation and secure set – intersection form algebraic PRFs［R］. Crytology ePrint Archive Report 2015/004, 2015. https://eprint. iacr. org/2015/004. pdf.

［72］M Hillery, V Buzek, A Berthiaume. Quantum secret sharing［J］. Phys Rev, 1999(A59):1829 – 1834.

［73］Y Huang, D Evans, J Katz. Private set intersection: Are garbled circuits better than custom protocols? [C]. NDSS, 2012.

[74] Yan Huang, David Evans, Jonathan Katz, Lior Malka. Faster secure two – party computation using garbled circuits[C]. USENIX Security Symposium, 2011.

[75] C Hazay, Y Lindell. Efficient protocols for set intersection and pattern matching with security against malicious and covert adversaries[C]. TCC, 2008: 155 – 175.

[76] C Hazay, Y Lindell. Efficient secure two – party protocols – techniques and contructions[C]. Information Security and Cryptography, 2010.

[77] C Hazay, K Nissim. Efficient set operations in the presence of malicious adversaries[C]. PKC, 2010: 312 – 331.

[78] S Hohenberger, S Weis. Honest – verifier private disjointness testing without random oracles[C]. PET, 2006.

[79] Y Ishai, J Kilian, K Nissim, et. al. Extending oblivious transfers efficiently[C]. CRYPTO, 2003: 145 – 161.

[80] M Jakobsson, A Juels. Mix and match: secure function evaluation via cipher texts[C]. Advances in Cryptology – ASIACRYPT 2000. Heidelberg: Springer – Verlag, 2000: 162 – 177.

[81] S Jarecki, X Liu. Efficient oblivious pseudorandom function with applications to adaptive and secure computation of set intersection [C]. TCC, 2009: 577 – 594.

[82] S Jarecki, V Shmatikov. Efficient two – party secure computation on committed inputs[C]. EUROCRYPT, 2007: 97 – 114.

[83] F Keith. Privacy – preserving set union[C]. Applied Cryptography

and Network Security, 2007:237 - 252.

[84] F Kerschbaum. Outsourced private set intersection using homomor-phic encryption[C]. ASIACCS, 2012:85 - 86.

[85] V Kolesnikov, R Kumaresan. Improved OT extension for transferring short secrets[C]. CRYPTO,2013:54 - 70.

[86] A Karlsson, M Koashi, N Imoto. Quantum entanglement for secret sharing and secret splitting[J]. Phys Rev, 1999(A59):162 - 168.

[87] J Katz, Y Lindell. Introduction to modern cryptography: principles and protocols[M]. Chapman and Hall/CRC, 2007.

[88] M Keller, E Orsini, P Scholl. Actively secure ot extension with opti-mal overhead[C]. CRYPTO, 2015.

[89] L Kissner , D Song. Privacy - preserving set operations[C]. CRYP-TO, 2005.

[90] V Kolesnikov, T Schneider. Improved garbled circuit: Free XOR gates and application [C]. International Colloquium on Automata, Language and Programming, 2008:486 - 498.

[91] V Kolesnikov, A R Sadeghi, T Schneider. Improved garbled circuit building blocks and applications to auctions and computing minima[C]. Pro-ceedings of the 8th International Conference on Cryptology and Network Securi-ty, Kanazawa, Japan, 2009:1 - 20.

[92] Benjamin Kreuter, abhi shelat, Chih - hao Shen. Billion - gate se-cure computation with malicious adversaries[C]. USENIX Security Symposi-um, 2012.

[93] Y Lindell, B Pinkas. A proof of Yao's protocol for secure two - par-

ty computation[C]. Electronic Colloquium on Computational Complexity (ECCC), 2004.

[94] Y Lindell, B Pinkas. An efficient protocol for secure two – party computation in the presence of malicious adversaries [C]. EUROCRYPT, 2007:52 – 78.

[95] Y Lindell, B Pinkas. A proof of security of Yao's protocol for two – party computation[J]. Journal of Cryptology, 2009, 22(2):161 – 188.

[96] X H Li, P Zhou, C Y Li, H Y Zhou, F G Deng. Efficient symmetric multiparty quantum state sharing of an arbitrary m – qubit state[J]. J. Phys, 2006(B39):1975 – 1983.

[97] D Many, M Burkhart, X Dimitropoulos. Fast private set operations with sepia[R]. Technical Report ,2012(3).

[98] Dahlia Malkhi, Noam Nisan, Benny Pinkas, Yaron Sella. Fairplay – A Secure Two – Party Computation System[C]. USENIX Security Symposium, 2004:09 – 13.

[99] G Mezzour, A Perrig, V D Gligor et. al. Privacy – preserving relationship path discovery in social networks[R]. CANS, 2009:189 – 208.

[100] M Nagy, E De Cristofaro, A Dmitrienko, N Asokan, and A R Sadeghi. Do I know you? – efficient and privacy – preserving common friend – finder protocols and applications[C]. Annual Computer Security Applications Conference, 2013:159 – 168.

[101] R Nojima, Y Kadobayashi. Cryptographically Secure Bloom – Filters[J]. Transactions on Data Privacy, 2009(2).

[102] S Nagaraja, P Mittal, C Y Hong et. al. Botgrep: Finding p2p bots

with structed graph analysis [C]. USENIX Security Symposium, 2010:
95 – 110.

[103] J B Nielsen, P S Nordholt, C. Orlandi et. al. A new approach to
pratical active – secure two – party computation [C]. Advances in Cryptology,
2012:681 – 700.

[104] J B Nielsen, C Orlandi. LEGO for two – party secure computation
[C]. Theory of Cryptography, 2009: 368 – 386.

[105] M Naor, B. Pinkas. Visual authentication and identification [C].
CRYPTO, 1997:322 – 336.

[106] M Naor, B Pinkas. Efficient oblivious transfer protocols [C]. SIAM
Symposium on Discrete Algorithms, 2001: 448 – 457.

[107] R M Needham, M D Schroeder. Using encryption for authentication
in large networks of computers [J]. Communications of the ACM, 1978, 21
(12):993 – 999.

[108] A Narayanan, N Thiagarajan, M Lakhani et. al. Location privacy
via private proximity testing [C]. DNSS, 2011.

[109] Paillier P. Public – Key Cryptosystems Based on Composite Degree
Residuosity Class [C]. Advances in Cryptology – EUROCRYPT,1999:223 – 238.

[110] J M Pollard. A monte carlo method for factorization [J]. BIT Nu-
merical Mathematics, 1975, 15(3): 331 – 334.

[111] C Pomerance. The quadratic sieve factoring algorithm [C]. Euro-
crypt 1984, 1985:169 – 182.

[112] B C Popescu, B Crispo, A S Tanenbaum. Safe and private data
sharing with turtle: Friends team – up and beat the system. [C]. 12th Cam-

bridge International Workshop on Security Protocols, 2004.

[113] B Pinkas, T Schneider, M Zohner. Faster private set intersection based on OT Extension[C]. UNSENIX Security, 2014.

[114] C Peikert, V Vaikuntanathan, B Waters. A framework for efficient and composable oblivious transfer[C]. Advances in Cryptology – CRYPT, 2008: 554 – 571.

[115] L J Pang, Y M Wang. A new (t,n) multi – secret sharing scheme based on Shamir's secret sharing[J]. Applied Mathematics and Computation, 2005, 167(2):840:848.

[116] M O Rabin, Digital signature and public – key function as factorization [R]. MIT Laboratory for Computer Science, Technical Reports, MIT – LCS – TR, 1979:212.

[117] M Rabin. How to exchange secrets with oblivious transfer[R]. Technical Report TR – 81, Aiken Computation Lab, Harvard University, 1981.

[118] A Rial, M Kohlweiss, B Preneel. Universally composable adaptive priced oblivious transfer[C]. International Conference on Pairing – Based Cryptography, 2009:231 – 247

[119] A Shamir. How to share a secret[J]. Communication of the association for computing machinery, 1979, 11(22): 612 – 613.

[120] C P Schnorr. Efficient identification and signature for smart cards [C]. Advances in Cryptology – Crypto 1989, 1990:239 – 252.

[121] J Shao, Z F Cao. A new efficient (t,n) verifiable multi – secret sharing(VMSS) based on YCH scheme[J]. Applied Mathematics and Computation, 2005, 168(1):135 – 140.

［122］J H Seo, J H Cheon, J Katz. Constant－Round Multi－party Private Set Union Using Reversed Laurent Series［C］. PKC, 2012:398－412.

［123］D Stehle, R Steinfeld. Faster fully homomorphic encryption［J］. ASIACRYPT, 2010(6477):377－394..

［124］T Schneider, M Zohner. GMW vs Yao? Efficient secure two－party computation in low depth circuits［J］. Financial Cryptography and Data Security, 2013:275－292.

［125］J Vaidya, C Clifton. Secure set intersection cardinality with application to association rule mining［J］. Journal of Computer Security, 2005:13(4).

［126］X B Wang. Quantum key distribution with two－qubit quantum codes［J］. Phys. Rev. Lett. , 2004(92):077902.

［127］Z Y Wang. Three－party qutrit－state sharing［J］. Eur Phys J, 2007(D41):371－375.

［128］A C Yao. Protocols for secure computations［C］. Proceedings of 23th Annual IEEE Symposium on Foundations of Computer Science, Chicago, USA, 1982:160－164.

［129］A C Yao. How to generate and exchange secrets［J］. Foundations of Computer Science, 1986:162－167.

［130］闫石. 数字电子技术基础［M］. 北京:高等教育出版社,2006.

［131］C C Yang, T Y Chang, M S Hwang. A (t,n) multi－secret sharing scheme［J］. Applied Mathematics and Computation, 2004, 151:483－490.

［132］H Yan, E David, K Jonathan. Private set intersection:Are garbled circuits better than custom protocols? [C]. Proceedings of the 19th Network and Distributed Security Symposium, San Diego, 2012.

[133] F L Yan, T Gao. Quantum secret sharing between multiparty and multiparty without entanglement[J]. Phys Rev, 2005(A72):012304.